第二版

The Ten Roads to Riches:
The Ways the Wealthy Got There (And How You Can Too!)

富人的十个秘密

—— 致在创富道路上摸索的你

原著：肯·费雪（Ken Fisher）、伊丽莎白·德林杰（Elisabeth Dellinger）
拉腊 W.霍夫曼斯（Lara W.Hoffmans）

翻译：李淑清　孙晶琪　龙成凤

WILEY　　中国金融出版社

责任编辑：王效端　王　君
责任校对：张志文
责任印制：陈晓川

北京版权合同登记图01—2017—5017

《富人的十个秘密》中文简体字版专有出版权属中国金融出版社所有，不得翻印。

图书在版编目（CIP）数据

富人的十个秘密（第二版）/（美）肯·费雪等著；李淑清等译. —北京：中国金融出版社，2019.1

ISBN 978 – 7 – 5049 – 9592 – 6

Ⅰ.①富…　Ⅱ.①肯…②李…　Ⅲ.①成功心理—通俗读物　Ⅳ.①B848.4–49

中国版本图书馆CIP数据核字（2018）第112688号

富人的十个秘密（Furen de Shige Mimi）

出版
发行　**中国金融出版社**

社址　北京市丰台区益泽路2号
市场开发部　（010）63266347，63805472，63439533（传真）
网 上 书 店　http://www.chinafph.com
　　　　　　（010）63286832，63365686（传真）
读者服务部　（010）66070833，62568380
邮编　100071
经销　新华书店
印刷　北京市松源印刷有限公司
尺寸　169毫米×239毫米
印张　12.75
字数　230千
版次　2019年1月第2版
印次　2019年1月第1次印刷
定价　39.00元
ISBN 978 – 7 – 5049 – 9592 – 6
如出现印装错误本社负责调换　联系电话（010）63263947

Foreword
前言

现在，胜过以往任何时候

本书第一版出版于2008年秋天，可能是在最差的时机出版的，当时全球市场好像要完蛋了。

事后想来，在全球金融危机横扫市场、重创华尔街的当时，我这本小书能悄然问世，默默淡出视线，却也未尝不是一件幸事。在如此黑暗的时刻，这样一本赞美财富积累，不时插科打诨的书本该受到谴责。"看看那年迈又脱离市场的肯·费雪吧，华尔街都出事了，他却靠出书来行骗！""暴富？在这个市场？简直开玩笑！"，大多数观察者可能未必了解，书籍有极长的写作时间，这本书大部分是在2007年完成的，出版前几个月就已定稿，而那时还没人关心雷曼兄弟（Lehman Brothers）的资金状况。天地良心啊！

同时我也有点小伤感，我喜欢这本小书，它对我来说是一个新尝试——与我之前的那些书不同，本书不再详尽探讨资本市场，而只是从微观和宏观上详细地审视了真正富有的人是如何走上致富之路的，以及众生中的你应该怎样追随他们的脚步——这条路上有许多奇人趣事。我的目标之一是帮助人们消除对于财富的诟病。在

"收入不均等"成为政治经济学最热门的话题之前，一直有一种观念，认为财富是一种让人丢脸的东西。我对此持不同意见：你通过正当途径致富后，可以让这个世界变得更好。你所创造的财富不只是为了你自己，也是为了社会，其他人也会从你的努力中获益。本书初版时，我就这样想，现在也抱有同样的想法。

为什么选择现在出版？

自这本书问世以来，社会对财富的敌意有增无减。我们已经见识了占领华尔街运动以及对所谓的"百分之一"的怒意，对收入和财富不均等的不断增强的斥责。政治家终生都想对富人和大公司灭其威，散其财。众多调查显示，千禧一代人越来越讨厌资本主义，渴望一种"能真正有效"的新制度。在2016年总统竞选中，1 200多万民主党选民支持伯尼·桑德斯（Bernie Sanders）这位"社会主义"倾向的参议员的"政治革命"，来反对"可恶的"贫富差距和"公司贪婪"。[1] 同样，亿万富翁唐纳德·特朗普这位政治新星冉冉升起之时，也宣称自己是平头百姓的卫士。

因此，我现在出版本书的第二版，看起来有点不合时宜，但我并不这么想，我认为这一切使得这本书更加迫切。很多著作都过高估计了不均等（现在尤甚），但即便如此，每一个富起来的人其实都为消除贫富差距作出了自己的小贡献。

致富需要利己动机，对此一些人比较反感，但的确需要，而且可能未来还将需要。利己动机也有广泛的社会影响。如果你是通过创建企业致富的，那么你可能雇用员工，并使他们过上更好的生活，让他们有机会搬到更好的社区，送孩子去更好的学校，去追求美好生活，这太棒了，或许你将创造某种新的产品或服务，能够改善环境、营养、公共卫生保健、老人的照料、孩子的学习，或许你可以通过娱乐或写流行歌曲丰富我们的文化，或许你可以通过管理他人的资金帮助他们达到财务目标，或许你可以通过旧房翻新，为大众提供更好的居住地，并成为地产巨头。所有的这一切都能促进社会进步，同时充实你的银行账户。

致富通常意味着有更多机会做好事，生活得更不平凡。如果鲍伯·诺伊斯（Bob Noyce）没有发明集成电路，今天人类将会怎样？他选择了一条致富之路，并使整个世界——富人、穷人、介于二者之间的人——都受益。在那些使世界变得更加美好的人身上，我们将一再看到这些有益的影响——他们做善事，变得富有，享受生活。对他人来说，这是伟大的事情；而对身体力行者来说，那感觉真是太棒了！

当然，并不是人人都可以成为富人，但对我来说，大多数人都有机会——他们只是不知道而已。如果大多数人知道怎么致富，将会有更多的财富，世界也会变得更美好。现在全世界都开始致力于发展，因为全球的赤贫人数在下降，而在发达国家和新兴国家，富人阶层正在扩大。假以时日，假如有更多的有进取心的人知道怎样创造财富，我们就能够消除贫困。届时，可能仍然会有各种不同程度的"贫富差距"，但是几代人之后，底层阶层也将会像社会上层一样生活，生活质量肯定会有所提高。虽然这一幕在你我的有生之年还难以实现，但是努力前行的每个人都会向更美好的世界迈出一小步。我恳请您阅读此书，并做好自己。

时代一直在变，但变化不大

当今，有一种流行的说法：好时光不再了，20世纪八九十年代的机会永远消失了。有人指出，1990—2014年美国真实的平均家庭收入下降了7.2%，这意味着社会流动性的停滞以及中产阶级的消亡（2015年5.2%的家庭收入上升，但这并未减少人们的忧虑）。[2]事实并非如此！虽然很少有人明白，但是在我看来现在致富的可能性跟10年、20年甚至50年前一样高。

换个角度思考，我们不要再关注收入不平等这个流行概念了，因为很多研究文献对收入的统计标准并不一致，也忽略了年龄、家庭规模等统计资料，年富力强的人收入更高，这是正常且合理的。

2015年，美国家庭收入中位数是56 516美元，但是夫妻两人收入中位数却高达84 626美元！单身女性收入中位数只有37 797美元，而单身男性收入中位数却是55 861美元。家庭成员人数影响很大，年龄的影响也很大！35~54岁的年龄组平均收入最高，达70 000美元；24岁以下的年龄组，收入只有36 108美元；25~34岁的年龄组，收入是57 366美元，这说明随着年龄和职位的提升，工资会大幅增加。[3]

换个角度说：在过去25年里，即便平均家庭收入看起来不乐观，但是单个人（或者只是单个人挣工资）的家庭收入并没有停滞不前，更没有缩水。实际上，大多数数据显示，人的一生中其收入在稳步地提高。亚特兰大联邦储备银行的《工资增长跟踪》（*Wage Growth Tracker*）指出，自20世纪90年代中期以来收入的确在增加[①]。

收入与财富总是存在一些不均衡。一些人为了获得高收益承担了高风险，他们也的确得到了回报。另外一些人不愿意这么做，但他们也可以过很好的生活，只是不能身价过亿。这样也不错，问题是你想不想搏一把人生？

强烈抵制收入不均等的观点忽略了一件更重要的事情：机会的平等。过去几十年，美国一直是一个具有充分向上流动性的社会，今天的美国还是如此吗？答案是：是的！2014年，伯克利大学和哈佛大学的经济学家调查发现，今天的代际流动性和20年甚至50年前的情况大体一样。[4]虽然你可能会质疑社会流动性的水平是否足够高（我喜欢高的流动性），但是如果流动性50年都没有改变，那就意味着对你来说，致富的机会和以前一样多，书中所讲的故事并不过时。

顺便说一下，这也说明资本主义仍然在发展。我也知道，这么说不吸引眼球或者不时髦，但是如果你想成为那1%中的一员，首先要理解这一点。

相同的道路，全新的面孔

关于财富不均等的大多数著作都在讥讽那些控制"资本"的人，并描绘出一幅永续家族财富控制着这个星球的反乌托邦式的景象，似乎豪门狭隘地把世界货币的大部分贮藏起来，其他人无法获得财富。而现实生活中，《福布斯》400强的人中很少是只通过继承成为富人的，266人是靠自我奋斗获得成功的，包括一直怀揣美国梦的40名移民。其余的人可以分成两组：纯粹的继承人[包括几个

---

① 可以参见网上文章，网址是 https://www.frbatlanta.org/chcs/wage-growth-tracker.aspx。

叫"沃顿"（Walton）的]和继承财产并使之增值的人。相比20世纪80年代排名最早出现的时候，上榜者更换了一半多。[5]一些最新的白手起家的亿万富翁，像色拉布（Snapchat）的共同创建人埃文·斯皮格尔（Evan Spiegel）那时还没出生。

富人的更替比大多数人想象的大得多。2016年，26%的人掉出了《福布斯》排行榜，而仍在榜上的人中，有100多人的资产净值在下降。人们认为富人只是优雅地坐着，看着他们的钱在神奇地骤增，但现实中保有财富并不容易。这是一个大鱼吃大鱼的世界。

我第一次写作此书时主要参考了《福布斯》2007年的排行榜，从那之后，其400强的排名变化极大，157人彻底掉出了排行榜，这包括其中故去的58人（他们的继承人很少能登上2016年的排行榜）。一些排名出局的人虽然仍是亿万富翁，但却被更年轻的巨头所超越。有一对夫妻因做慈善事业掉出了排名，很多人在2008年因房地产遭受重创，另有两人进了监狱，其中一人因证券欺诈获刑110年。酒店继承人詹姆斯·普里茨克（James Pritzker）变成了詹尼弗（Jennifer），仍然留在榜单中，而且看起来比原来更幸福了。

新进入排行榜的157人大多靠自我奋斗获得巨额资金。大学学历不是必需的，对本地人和移民来说，美国梦真实而充满正能量。我们拥有技术神童，像脸书的马克·扎克伯格、肖恩·帕克（Sean Parker）和达斯汀·莫斯科维茨（Dustin Moskovitz），瓦次普（WhatsApp）的共同创始人简·库姆（Jan Koum）和布莱恩·艾克顿（Brian Acton），风险投资老手彼得·蒂尔（Peter Thiel），特斯拉（Tesla）巨人埃隆·马斯克（Elon Musk），张东文和张金淑（Do Won and Jin Sook Chang），他们靠Forever 21引领了颓废少女风；熊猫快餐二人组合（Panda Express）的程正昌和程佩吉（Andrew and Peggy Cherng），爱彼迎（Airbnb）的创始人内森·布莱卡茨克（Nathan Blecharczyk）、布莱恩·切斯基（Brian Chesky）和乔·杰比亚（Joe Gebbia），优步的特拉维斯·卡兰尼克（Travis Kalanick），等等。商业软件开发商、现年75岁的大卫·杜菲尔德（David Duffield）也加入了，他证明了年轻不是白手起家的必要条件。他47岁时创设了仁科（People Soft），2005年将其现金出售；在他该退休的时候，却转而创立了工作日（Workday）。他现在仍然是公司的董事长，也是一位热心的徒步旅行者。由此可见，心态年轻、你就年轻。

《福布斯》400强的年龄分布也很奇葩。40岁以下年龄组人数翻倍，从7人增加到14人。但是，中位数年龄却从2007年的65岁增加到现在的67岁。虽然年轻的人会加入进来，许多年龄大的人掉出了排行榜，但243名榜中人的年龄都增加了8岁。现在榜中40多岁、50多岁的人更少了，而80岁以上的人则更多了——还有现年101岁的老大卫·洛克菲勒（David Rockefeller Sr.）。怎么样，惊掉下巴了吧？请记住：预期寿命一直在延长[①]，你会比想象中更长寿。

十个秘诀的路线图

如果浏览最新的《福布斯》排行榜，你会清楚地发现：世界上最富有的人不外乎这10类。

1. 开办一家成功的企业——通往最富的途径！

2. 成为一家现存企业的CEO并努力经营它——这是一门技术活。

3. 坐上成功且有远见者的顺风车——获得高附加值。

4. 把名气变成财富——或者把财富变成名气，然后创造更多的财富。

5. 找个合适的人结婚——一定要非常合适。

6. 当原告，合法地"偷窃"——没必要用枪！

7. 把别人的金钱变成自己的资本——大多数超级富豪都是这么做的。

8. 创造一种永续的未来收入来源——即使你不是一个科技发明家！

9. 胜过地产大亨——将未实现的房地产财富货币化！

10. 更多人的老办法——厉行节约，善于投资——直到永远！

我用到"可以规划"（mapable）这个词，因为我不能教你如何中彩票。虽然继承财富仍然算一条路，但你不能选择你的父母。亚历杭德罗·桑托·多明戈和安德鲁·桑托·多明戈（Alejandro and Andres Santo Domingo）尽管每人净资产48亿美元，但却不想成为啤酒业巨头胡里奥·马里奥·桑托·多明戈（Julio Mario Santo Domingo）的儿子。他们很快乐。你或许和富人关系密切，也或许没有一毛

---

① 参见本书第10章。

钱关系。有些人把巨额的继承财富挥霍一空，有些人选择把遗产留给慈善机构，就像帕里斯·希尔顿（Paris Hilton）的祖父。像比尔·盖茨、扎克伯格、杜菲尔德等其他很多富豪，他们选择将巨额财富的大部分捐献给慈善机构。

真正的致富之路中，有的路要更好走一些。新进入《福布斯》400强中的大多数人都有自己独特的道路，要么是像扎克伯格和爱彼迎（Airbnb）那样自己研发，要么像星巴克的首席咖啡师霍华德·舒尔茨（Howard Schultz）那样购买初创企业并将其发展壮大。和成功的、有远见的人，如马斯克同行，仍然能带来亿万财富，而发明创造和资产管理也是一条好路。

其他途径倒更具有挑战性。如2007年，没有纯粹的演艺人员出现在榜单中。虽然麦当娜靠自己的巡回演出（和唱片销售无关）赚了14多亿美元，却仍然不能上榜。[6]因为演艺人员对投资一窍不通，花费无度，而且要养着大班人马。榜单中现在也没有律师。2015年侵权案件大王乔·加摩尔（Joe Jamail）去世，在他之后，原告律师中无人能够超越他。

当然，并不是所有的致富秘诀都适合每个人，的确不是，但是如果想致富，那么至少有一条秘诀可以使用或者几条秘诀组合使用。我们看到一些人通过一种途径成功致富后，又转而采用另一种途径。例如成为一家企业的CEO后（见第2章），你努力经营，使之壮大，之后开创自己的企业，获得更大的成功（见第1章）。或者你可以成为媒体要人（见第4章）及成功的CEO。一些人同时采用两种途径致富，比如我是一家公司的创建人和执行主席（见第1章），但是这家公司是用别人的钱借鸡生蛋的（见第7章）。如果你同时采用两种途径，那么难度更大，致富也会更快。但大多数人一生只采用一种致富方法，这就够了，而且已经绰绰有余。

我相信，通过学习，人们能凭借这十条秘诀创造自己的财富，比起靠运气致富的人，前者会更幸福。致富的人自己赚钱，而且跟金钱相比，他们对自己更有信心。

遇到岔路时，抓住机会

说这句话的人是约吉·贝拉（Yogi Berra），他是20世纪50年代我儿时的英雄。这句话对我产生了很大的影响。几十年智慧的积累才能让人如此简单地生活，一旦你理解了这些秘诀，就会发现它们就是暴富的源泉。

后来，虽然贝拉声称这句话只是他自己的信条，但长大后，我认为贝拉的观点只是让我们在没有明确指示的情况下作出快速、基本、及时的决策。也许我的理解不够准确，但是我仍然倾向于我对伟大的约吉的这番解读。生活中，有些途径会引领你致富，而有些却不会。但每条路上你都会有所收获，也许不是财富而是另外的东西。

说到致富之路，你首先要找到适合自己的路，走到那个分岔口作出选择并坚持下去。

本书的一大特色是分模块介绍，每章讲述一种秘诀。你可以不按顺序阅读。比如，在阅读本前言后，可以跳到书的中间——这没关系。开始阅读一章后，如果你认为这条秘诀不适合你，可以跳到更适合你的章节。我在书中也会不时提示——"不，现在介绍的不是这个秘诀，那是第9章的秘诀。"因而这本书更像十本小书组成的一个小集子。

你可能会认为一些致富方法很不明智，很混乱。"太荒诞了，自己创业风险太大了。"或者是，"今天谁还想真正拥有房地产呢？2008年彻底摧毁了这种想法。"其他人可能会说："太可怕了，太俗气了，你不应该建议人们为了金钱而结婚，就像安娜·妮科尔·史密斯（Anna Nicole Smith）和约翰·克里（John Kerry）一样。"但事实上我在书中并没提倡任何一种方法，而只是记述了一些人可能走过的致富之路。当然，你是否同意我的观点，这完全取决于你自己。生活中有很多获得回报的途径，而不仅仅是财富。无论如何，你都应该找到适合自己的正确道路。

据说当代大学生中流行一种说法，叫敏感警示：如果某一章节看起来内容不够严谨或无聊，那么这就不是你的致富之路，你可以快速浏览一下或者跳过该章内容——你自己决定吧。我写本书的原因不是因为无聊。我在好几章中都有现身说法，只是因为对于自己我有很多一手信息。总谈论自己令人生厌，其实我只是想尽力告诉你致富之路。如果你一边读书一边大为光火，那么去喝杯红酒吧，或者出去走一走、踢踢墙，想做什么就做什么，然后回来，开始新的一章。

当然，如果你讨厌致富，那你确实没必要阅读本书。

一生中赚3 000万美元听起来可能像是白日梦，但其实也没有那么难。例如，开办一家不是特别大的企业（见第1章），10年后营业额就可能增长到1 500万美元。如果有10%的收益率，那么你可以赢利150万美元。如果收入增加到20倍，那么你就会有3 000万美元的利润，这不离谱。几年之后，你就会考虑企业扩张。如果是，你将非常富有；如果不是，卖掉企业，你仍然可以获得3 000万美元，过上幸福的生活。你可以再开始新的尝试，或者可以退休！这完全取决于你。

你能说这不可能？！你能说这不重要？！——如果你失败了，你可以从头再来。年轻时开始创业，你可以尝试三次到五次。如果失败了，你可以试着再次成为一个企业家或者尝试另外一种致富的方法，别忘了，还有九种呢！

与成名有关吗？

这不是一本关于名人的书，尽管我会用到许多名人作为成功（失败）的例子。这本书谈的是致富的途径，而不是富人逸事。一般来说有两类名人。一类是先成名，然后因成名而致富。例如拳击手乔治·福尔曼（George Foreman）退休时身无分文，但是很有名，因此他基于其名望创立了一家企业（见第4章）。梅尔夫·格里芬（Merv Griffin）凭借演艺人员相对良好的名声，创造了媒体帝国，甚至还在《福布斯》400强排行榜中短暂出现（见第4章）。另一类是先赚钱再成名。这一类人我们首先可以想到沃伦·巴菲特或者罗恩·佩雷曼（Ron Perelman），他们都以富有闻名于世。

出名不是目的。本书中，我不会避免对成名的讨论，但是重点在致富的方法上，例如，说到那些先赚钱再出名的人，不谈比尔·盖茨是不可能的。他成功地将一条致富路用到了极致。我们谈论致富方法时，不能不提到采用这种方法取得最大成功的那些案例，但我会更多关注致富的方面。

你也能看到一些案例，告诉你什么不能做。例如，在第6章我会告诉你怎样合法地"偷"钱。这是一个敏感的问题，也许某些人很反感，但是我想告诉你，有些人是怎么做到的。而另外一些人却踩了法律的红线。他们做的事情几乎一样，但是却违反了法律，进了监狱。

每一章都有成功的案例，也有失败的案例，从中都可以学到经验教训。成功地读完这十条秘诀会让你感觉生活很幸福。第5章题目不是"和金钱结婚"，这样说会让人感觉结婚只是为了金钱，而不是为了爱。结果将来可能真的有钱了，但一生不幸福。这章的题目是"值得的婚姻"，其中包含了很多美好的事情。这一章也讲到一些必须避免的差错，这样才不至于失败和痛苦。其他每一秘诀都有其应该避免的困局。

总的来说，这十条致富之路，如今仍然可行。虽然一些人变了，虽然早期的一些成功故事后来结局很惨，但是这些致富之路本身仍然有效。有些路径看起来崎岖不平，有些十分艰难，但是它们都会引领你走向富有的、幸福的目的地。

一条岔路

还有其他一些致富的方法，但是其成功率很低。比如某人去划船，船沉了，他潜入水中找这条船，却最终发现了古代沉没的宝藏。这并不意味着你也应该去划这条船，因为这不是一条致富之路，纯是靠运气。有人做事获得成功，并不意味着你也应该去效仿。就像我第8章所讲到的那样，写作是一件值得尊敬的事情，但是却不能带来很多财富。大多数情况下，写作不是为了金钱，而是因为喜欢做这件事。的确，有极少数人获得了成功，像J.K.罗琳和斯蒂芬·金。本书讨论他们的事情，并向你展示他们是如何沿着这条致富之路一路走下去的——以及作为作家的你该如何效仿他们的成功。但是，第8章只是介绍了他们运用的成功窍门。不管怎么说，一个作家能够成为富人非常少见。正常的写作只能让你挣点钱，但不能让你暴富。

写书工作量巨大，如果这不是一条致富之路，那么我为什么还要不厌其烦地两次出版这本书呢？两个原因！首先，写作是一件我喜欢做的事情，我享受写作，而且已经写了很久，我也有时间写作。其次，这本书也是我致富后回馈社会的一种方式，我想告诉其他人怎样致富。我现在已经66岁了，已经到了职业生涯的尾声。我和我的妻子有三个成年的儿子，我可以去我想去的地方居住，做我想做的事情。我有我的爱好，但我对回馈的理解不是捐钱给剧院。当然捐钱给剧院没错，只不过我没兴趣。我这辈子所有的慈善支出都早有安排。我的财富大部分捐给了约翰·霍普金斯医学院。在我百年之后，可以通过医学研究帮助大众。实际上，未来很长一段时间，从金融的角度来说，我只是为那家优秀的机构的利益而工作。在我看来，回馈社会并不是成为童子军的领袖——再次说明，成为童子军领袖没错，只不过那个人不是我。对于我来说，这本书是回馈的合理途径，某人，也许很多人，也许就是你，会第一次明白如何以合乎逻辑的、合适的方式成为让你自己满意的富人，并使这个世界在你在世时便能变得更好。

正确的途径

现在你们手中都有了路径图，我们上路吧！把每一章都当做一次尝试。也许某个方法对你有吸引力，也许没有。但是如果你能解决常见的困难，那么这里总有一种方法适合你。这些方法的美妙之处在于，无论经济繁荣时期还是经济萧条时期，它们都有效。别人选择了什么样的方法不重要，重要的是你找到并坚持了你的方法。

这里介绍了一些你想效仿的人，而另一些人则提供了反面甚至可笑的案例。但即使是令人发笑的人物也都创造了巨大的财富。谁又能说谁对谁错呢？如果你想致富，那么只要你坚持了某种喜欢的方法，感觉幸福，没有犯法，而且内心坦然，谁能说这种方法就不对呢？就像我在第4章详细介绍的那样，如果某人是从扮丑角而致富的，谁又能对他说三道四呢？

祝愿你早日踏上致富之路！看完本书后，如果你认为这十条秘诀没有一条适合你，但至少知道哪些道路是行不通的，不必耗用自己的青春去瞎撞，这也不是坏事儿。

享受你的旅行过程吧，从已经找到秘诀的那些人身上学会点什么吧！

Acknowledgement
致　谢

　　本书缘起是我和出版经纪人杰夫·赫尔曼（Jeff Herman）以及约翰·威利父子出版社（the John Wiley & Sons）的大卫·皮尤（David Pugh）的谈话，后者是2006年我在《纽约时报》译选的畅销书《投资最重要的三个问题》（*The Only Three Questions That Count*）的编辑。在那本书之前，杰夫想让我写一本泛泛的致富书——一本涉猎广泛、包罗万象的书。我已经很久没有写书了，感觉不能胜任，但是最终完成了《投资最重要的三个问题》一书，这本书范围窄很多，仅谈资本市场，在这个领域我自认为能提出独到的见解。在那之后，杰夫仍然想让我写一本致富方面的书，同时大卫也想让我再写一本书（对他来说，内容范围广意味着销售会更好）。我们开始讨论写作重点，即适用于每个人的、获得超级财富的秘诀，唯有此时，我才明白我想做的事情——而且知道我能做到。为此，我感谢他们二人对我的坚持。

　　后来，我又找到了拉腊·霍夫曼斯（Lara Hoffmans），她曾经和我一起对《投资最重要的三个问题》这本书进行了润色。她开始做调研，提交每章的构思，根据我的目标进行具体的内容定制。她的工作使我有时间完成我每天在公司的日常工作。后来我晚上和周

1

末创作/修改，拉腊和她的人马整理我的书稿并改正我的错误，然后我再创作/修改，我们就这样将每章内容修改了五次到七次。

很高兴他们参与了工作。第二版工作量少一些，但是仍然需要时间和许多人的努力，尤其是约翰·威利父子出版社的编辑图拉·韦斯（Tula Weis），他还曾协助我出版了上一本书《击败群体》（*Beat the Crowd*）。伊丽莎白·德林杰（Elisabeth Dellinger）曾与我合著了《击败群体》，这次她再次搁置了许多她日常负责的写作，专门编辑我的书籍。她为这本书倾注了太多的精力。像拉腊一样，伊丽莎白承担起了大部分的工作量，让我能够完成我日常的工作。她调查了不断更迭的世界最富有的人，将其整理成丰富有趣的新内容。我公司调研团队中的尹勇罗（YoungRo Yoon）、杰西·托雷斯（Jesus Torres）、斯凯·沃特斯（Sky Waters）、赖安·基（Ryan Key）、伊萨克·麦金莱（Isaac McKinley）和安德鲁·拉泽里（Andrew Lazzeri）为她提供了帮助。托德·布里曼（Todd Bliman）负责监管我公司的内容团队和网站www.MarketMinder.com，他为本书提供了有价值的建议和编辑方面的深刻见解，也是多亏了他，伊丽莎白才可能承担两份工作，而且偶尔还能睡一夜好觉。还要感谢公司内容团队的作家克里斯·黄（Chris Wong）、杰米·席瓦尔（Jamie Silva）和肯·刘（Ken Liu），在伊丽莎白忙于其他事情的时候，他们承担了额外的工作。

伊丽莎白、拉腊和所有人都付出了巨大的努力，但是最后，本书从设想到结束语，也包括错误或遗漏，都出自于我。如果你在书中发现了任何错误，都应归咎于我，与他人无关。没有这些人，我永远不可能有这样的耐心或时间来完成本书的写作和再版。

尽管这是一本描写人物方面的书籍，但如果没有大量数据方面的帮助也不可能完成。这里必须要感谢全球金融数据公司（Global Financial Data, Inc.）和FactSet。只有在这些公司允许的情况下，我才能用大大小小的数据支持我提出更多奇特的想法。

我也大量使用了最新一期《福布斯》中最富美国人400强的榜单和在1982年"最富榜单"中出现的前辈，以及更近期的《福布斯》年度"全球亿万富翁"榜单。为什么不呢？毕竟这些榜单是衡量美国和世界超级富翁的黄金标准，没有这些榜单，实践中就会缺少相关的度量基础。最初，马尔科姆·福布斯（Malcolm Forbes）无意中创建了《福布斯》400强排行榜，现在它已经发展成为一个被广泛接受的平台，并成为量化财富的衡量基础。作为一个出版物，这是《福布斯》对全世界的一个额外的重要贡献。

我必须要感谢杰夫·西尔克（Jeff Silk），他是我公司的副总，是和我同行30年的老伙伴，在第3章，我将其作为合作伙伴的典范进行了大量的介绍。杰夫通读了此书，做了点评，一如既往地帮我完善了我的工作。

格罗弗·威克沙姆（Grover Wickersham）是我长期的朋友和伙伴，他还是证券律师、资金管理人以及证券交易管理委员会前行政官员，他读了第一版的大部分内容，并按照他一贯的方式逐页、逐行地提出了非常详细的编辑建议，我最终在本书中采纳了大概75%的建议。毫无疑问，他对本书的贡献也是最大的。他无时无刻不在编辑着书稿，在飞机上，在两个大洲，在三个国家，他深夜还向我传真资料，在我和他意见相左的时候还要跟我讨论。和格罗弗这样的朋友在一起，我还有什么可担心的呢？唯一的问题是，老兄的字太难认了，老实说，我经常要研究很久。事实上，我在第1章和第9章也提到过格罗弗。我希望我提到他的次数更多一些，因为这样这本书的质量就会更好。

说到律师，弗雷德·哈瑞格（Fred Harring）为了防止文字诽谤通读了此书，以确保书出版后我不会被起诉。我仍然可能因为说过什么而被起诉，但至少在法庭中我有信心占上风。圣地亚哥的大律师斯科特·梅茨格（Scott Metzger）为了防止文字诽谤，也读了第6章的内容。我非常感激斯科特和弗雷德的观点，他们为我提供了双重的保障。

还要感谢我的朋友们。我在本书介绍了他们中的许多人，但无论何时，我都可能以他们不喜欢的方式描述了他们，所以，也许我会失去他们这样的朋友。他们人数太多，无法一一列出，在此我一并感谢，并希望他们读完这些话之后仍然做我的朋友。

最后，我要再次声明，就像过去经常做的那样，为了写这本书，我忽视了我的另一半。我的妻子和我结婚已46年之久，几十年来，每当我需要暂时封闭自己、埋头苦思于写作时，她总是毫无例外地给我空间。为了这本书，我欠了她很多个夜晚和周末，这种亏欠难以补偿。因而这样一本书是充满爱的作品，而大部分的爱来自于作者的另一半。被爱的感觉的确很好。

我的职业生涯即将结束，几十年韶华已逝，前日终究无多。工作于我，一直以来都是乐趣甚多，未来亦会如是。而写作本书是对我日常工作的一种调剂，并且是充满了愉悦的调剂，一如他人之癖好，其欢乐于我未有甚之者。因此我还要感谢你们，我的读者，没有你们，我的出版商或任何其他人都无法让我享受这种乐趣。感谢所有人。

肯·费雪

于华盛顿州　卡默斯

Contents
目　录

第 1 章

通往最多财富的途径!

你拥有令人叹服的远见卓识吗?拥有领导才能吗?拥有一位善解人意的配偶吗?也许,你可以成为一位有远见的企业创始人。

这是一条通向最多财富的康庄大道。创立一家属于你的公司,可以创造惊人的财富。在最富有的 10 位美国人中,有 8 位创办了自己的公司,包括比尔·盖茨(净资产 810 亿美元)、亚马逊创始人杰夫·贝佐斯(Jeff Bezos,净资产 670 亿美元)、脸书的缔造者马克·扎克伯格(净资产 555 亿美元)、甲骨文公司 CEO 拉里·埃里森(Larry Ellison,净资产 493 亿美元)、信息巨头兼前纽约市市长迈克尔·布隆伯格(Michael Bloomberg,净资产 450 亿美元),以及谷歌神童谢尔盖·布林和拉里·佩奇(Sergey Brin、Larry Page,二人净资产都在 380 亿美元左右)。[1] 紧随其后的是赌博业巨头谢尔登·阿德尔森(Sheldon Adelson,净资产 318 亿美元)、金融家乔治·索罗斯(George Soros,净资产 249 亿美元)、以其名命名的戴尔公司的创始人迈克尔·戴尔(Michael Dell,净资产 200 亿美元)、特斯拉公司的投资人埃隆·马斯克(净资产 116 亿美元),以及许多来自各个行业的最富有的美国人。[2] 更振奋人心的是,这些富人不止让他们自己变得有钱,他们还使一些合作伙伴发家致富。(参见第 3 章)

这条路并不受行业、教育或家庭背景的约束——博士生或大学辍学者都一样受欢迎。大陆资源公司(Continental Resources)的创始人兼首席执行官哈罗德·哈姆(Harold Hamm,净资产 131 亿美元)是俄克拉荷马州一位佃农的儿子,在极为穷困的环境下长大,从未接受过高中以上的教育。[3] 他开采过石油,开过卡车,之后掌握了石油工业的诀窍。现在他以"全世界最富裕的卡车司机"和巴肯(Bakken)地区页岩油巨头的身份而闻名。

请注意:这条路不是为胆小懦弱的人准备的。它需要勇气、纪律、韧性、远见卓识、一群有天分的支持者,可能还需要一些运气。那些缺乏企业家精神或被恐惧驱使的人并不适合选择这条路。

不要误会,这其实很难。只有极少新生企业能成功生存四年以上。[4] 但开办自己的公司正是所谓美国梦的真谛。成功是属于超人或女超人的圣域。成功的关键就在于新花招，能让你与众不同的新花招——能给你带来财富的与众不同。

你是那种不会被阻止的人吗？就像耐克公司的领袖菲尔·奈特（Phil Knight）说的那样："Just do it"，你能做到吗？你必须精通核心业务和生意经。仅有远见并不会让你精通这些！你还需要敏锐精明、个人魅力、战略性思维和领导能力。我从未遇到任何不被他人追随的成功创业者。这些成功人士就是如此优秀。他们完全了解自己公司的产品，他们精通于营销工作，他们是很棒的公司代表。他们还将企业文化植入一批批新员工中，这样，他们的公司可以不依靠 CEO 而自我运营。这可是一件难如登天的任务。

在开始走这条路之前，你必须先回答五个问题：

1. 你能改变世界的什么？
2. 你能创造出新产品或革新既存产品吗？
3. 你创建企业的目的是什么？卖掉它还是保留它？
4. 你需要外来资金吗？你能一切靠自己吗？
5. 你想保持私有还是公开上市？

选择一条路径

第一个问题来了——你能改变世界的什么？毫无疑问，不论是大是小，企业的创始人们都可以创造改变。最理想的情况是你可以在你热爱的行业内创新。即便在糟糕的行业内，创新一样可以创造价值。让平凡的行业变得不平凡是一件惊人的成就。如果你没什么特别感兴趣的行业，你可以追逐金钱——关注高价值领域。为此，如果你想了解更多，翻到第 7 章去看看我们如何确定哪些领域最有价值。

你也可以关注那些在美国或全球有可能变得更加重要的行业。举个例子，服务业经历了急剧的增长——实际上，美国经济体的 80% 左右是服务行业。[5] 技术只会变得更加重要——尽管相信好了——网络安全问题也会随之变得更加重要。医疗行业也是一样，不论经济好坏，我们总想要更多医疗服务。金融行业在 2008 年受到了很大冲击，但人们总需要投资或借贷——特别是那些正准备开公司的企业家。这些行业都可能会变得更重要。

或者我们可以从相反的角度看这一理论，去关注那些会变得不太重要的行业。我现在并不想预测任何行业未来几年内的发展，但从长期来看，已形成工会的产业中的公司（像汽车行业和航空公司）会逐渐痛苦地消亡，股票收益也会变差,最终会被那些不需要工会的产业以某种方法取代。因此可以创办一个企业对行业进行改变,或者替代之。考虑一下:哪些行业需要优步(Uber)?

从小开始,逐渐做大——时常考虑可扩展性

从小开始做是最好的,没有人会一开始就想着去成立下一家微软公司——大部分人都是先在妈妈的车库修电脑。我开办我的公司时也是从小做起。如果你问那时我有没有可能经营一家像现在一样大的公司,我会一笑了之。从小开始,逐渐做大——时常考虑可扩展性。如果你的生意很受欢迎,还担心它不会扩大吗?

举个例子,干洗店都很小。而干洗的需求弹性同样很小——即便经济不景气,人们也总是需要干净的衣服,因此你很容易就能进入这个行业。但同样因为这些原因,你基本不可能把干洗店发展成大规模的全国连锁店——这种行业缺乏可扩展性。所以干洗连锁店基本不存在。拥有一家或几家小店可以为你带来的财富不会太多。不过话又说回来,你也有可能成为解决干洗业中可扩展性问题的那个人,那么你或许就可以创造出规模巨大的干洗连锁店——成为干洗行业的山姆·沃尔顿(Sam Walton,沃尔玛总裁)。

小吃摊也很小,就像干洗店。这个行业也很容易进入——你只需要面粉、鸡蛋和一辆小车——但这个行业的可扩展性极大。你不会特意从高速下来去你最喜欢的干洗店,但你会特意下高速,为了去你最喜欢的小吃店买顿午饭。举个例子,墨西哥风味快餐店小辣椒(Chipotle)从前是一家开在丹佛某个角落中的玉米煎饼小摊,麦当劳投资了这家小摊后,它随即风靡全国,并在 2006 年上市。这家公司之所以成功,是因为其关注了可扩展性,不仅如此,它利用机会进行集中采购、大规模广告和技术革新。这就是小虾米变成大鲸鱼的故事。

更新还是更好?

下一个问题来了。企业家可以按两种基础方式改变世界:第一种是创新,去填补服务或产品的空缺。第二种是让既有产品变得更好,更有效率。哪一种适合你?创新者包括比尔·盖茨和已故的苹果公司创始人史蒂夫·乔布斯[6],维尔·凯斯·凯洛格(Will Keith Kellogg)——玉米片和谷物类冷早餐的发明者,约翰·迪尔(John Deere),发明了不粘泥土的钢犁并成立了美国最古老的公司之一——约翰迪尔公司。这些人都是创新者!

你的原动力可以更多地出于个人目的——你可能仅仅想改变自己的小世界。这可以创造巨大的价值。我的朋友迈克·伍德（Mike Wood）是一个知识产权律师，因为市面上缺少可以引导他儿子学会拼读法的电子游戏，他曾苦恼不已。受到这个产品空缺的启发，1995 年他创建了跳蛙公司（Leapfrog）。九年后他退位时，他的股份总价值已达到 5 340 万美元。[7] 迈克年少轻狂的时候就展示出了他极富创造性的一面。他曾花费大量时间弹吉他，唱西部牛仔歌曲。你觉得你可能需要一个麻省理工大学的学位去分辨出下一个值得投资的优秀产品，可事实上，有时你需要的仅仅是发现一个其他人共有的需求——或许加上一些创造力和西部牛仔歌曲。

如果你不能想象出一种新产品，那么就试着去改善现有的吧。许多当今最富有的企业家就是对既有事物做了些简单的、新颖的改动——改善性能、生产效率或利润率——你只需要改善世界上的一些事物。

查尔斯·施瓦布（Charles Schwab，净资产 66 亿美元）[8] 并没有创造出折扣经纪业务，但他却让这个业务走遍世界。已故的博士公司（Bose）的 CEO 艾马尔·博世（Amar Bose）没有发明立体声扬声器，但他却让它们的音质无与伦比。瓦次普（Whats App）的共同创办人布莱恩·艾克顿（Brian Acton，净资产 54 亿美元）和简·库姆（Jan Roum，净资产 88 亿美元）没有创造出移动信息服务，但他们却让移动信息变得简单、安全并在全球传播。[9] 卡骆驰公司（Crocs）的创始人们没有发明帆船鞋，可他们却让帆船鞋变得无可救药地丑陋以及令人费解地受欢迎。卡骆驰公司的创始人们拥有着超过 6.2 亿美元的股票市值，[10] 一路笑到了银行（他们还穿着那丑陋的洞洞鞋）。这些人发现了新的、利润更大的方式去实现旧有产业能实现的功能——这些方式可以创造财富，提供就业岗位，并能帮助我们国家进步，也很了不起。

建立品牌分店可以带来高效率与低成本，这是另一种革新方式。这就是沃尔玛公司创始人山姆·沃顿（Sam Walton）的方式——通过这种方式，他可以为消费者提供低价货物。他的远见给他的三个孩子每人留下了超过 350 亿美元的遗产。[11]

你还可以尝试同沃顿相反的一条路——故意让一些简单的产品变得特别特别贵。像拉尔夫·劳伦（Ralph Lauren，净资产 59 亿美元），[12] 他是 Polo 公司的创始人兼 CEO，他的系列服装价格昂贵，利润颇高。他的公司生产户外服饰（他经常设计美国奥运代表队的服装，而且一度为阿斯彭滑雪公司滑雪救助队提供装备 [13]——你能做到更高档），不仅如此，他的公司还生产家具、香水，甚至像家用油漆一样简单的东西。劳伦发现，优秀的品牌策略可以说服全国人民为最基础的男士长裤支付巨额的额外费用。想想吧！王薇薇（Vera Wang）是时尚领域的另一个革新者，她把最传统的白色婚纱做到了极致，获得了大量财富。有些礼服超过了两万美元，这些衣服可都有极高的利润率。而这都需要一个有说服力且有创新性的品牌——这才是难点！

你必须作出选择——是填补产品空缺还是对原有产品进行革新？

为何创办公司？卖钱还是延续？

第三个关键问题——你的未来计划是什么？想把这个公司代代相传吗？想创建、发展、卖掉公司，然后再一走了之？哪一种都可以。如果你不想永远经营一家公司，这并没有错误。有些人想要遗产，而有些人只想套现。一般的企业创始人不愿意为留下遗产而劳神。有很多有能力创办企业的创始人以 500 万美元、2 000 万美元，甚至 5 亿美元的价格把他们的企业卖掉，然后这些企业家们就去做其他事情了。一切取决于你自己！

为了卖钱而创建企业

为了卖钱而创建企业相对来说更容易。接班管理不是什么大问题，你先要找一些诱人的产品空缺或可完善的产品。接下来，你要像买家一样思考问题——"我该做什么来让别人收购我？"答案是：利润或潜在利润。不仅如此，你的企业还要可以转手——这意味着你必须是可被取代的人。虽然为了卖钱创办企业可以让你变得富有，但一般来说这样做并不会创造巨额财富——这也无伤大雅。记得那些楠塔基特果肉饮料（Nantucket Nectars）的商业广告吗？"Hi, I'm Tom. And I'm Tom. We're juice guys."1989 年，两个汤姆在楠塔基特的一条小船上开始向旅游者提供自制果汁。2002 年，吉百利史威士公司（Cadbury Schweppes）预见到了巨大的潜在利润：吉百利公司认为可以通过其既有的、分布广泛的销售渠道去销售这一蓬勃发展的品牌饮料。于是吉百利公司花了 1 亿美元购买了楠塔基特果肉饮料公司。[14] 现在两个汤姆都不在《福布斯》400 强的榜单上，但他们好像对他们的命运都感到很满意。

加利福尼亚人都记得 H. 索尔特炸鱼薯条店（H. Salt Fish & Chips）——20 世纪 60 年代一家很火爆的英国风味的炸鱼薯条小摊。H. 索尔特是一个人——哈登·索尔特（Haddon Salt）。他和他的妻子从英国移民到加利福尼亚州，还带来了他们所钟爱的炸鳕鱼的食谱。这家小炸鱼公司最终在加州地区大受欢迎。1969 年，当索尔特把公司卖给肯德基的时候，市面上还有 93 家加盟店，[15] 而现在只剩下了 17 家。[16] 可

不管是为了卖钱而创建公司，还是为了延续而创建公司，两者都有利可图。

这关索尔特什么事？他早就拿钱退休了。现在，索尔特一有空就演奏他那把极好的电子小提琴，那把小提琴绝对会成为你听过的小提琴中音色最好的。这些创始人兼 CEO 倾向于把创造力和激情融合起来。[①]

那些被卖掉的企业一般都会崩溃或消失。2012 年，星巴克曾经以整整 1 亿美元的价格收购了旧金山湾区的连锁烘焙店——La Boulange，2015 年，23 家店全部关掉，但星巴克却把 La Boulange 的美味留在了自家的点心橱窗中。[17] 这并不会有损那些创始人的成就。即便收购者大发雷霆，那也是他们自己的错。有些时候，收购者只想要知识产权。这已是一笔优秀的遗产！如果你为了卖钱而创办企业，就不要在卖了之后焦虑烦恼 [说到卖掉公司后，很多创办、经营、卖掉企业后退休的创办人发现：工作中的挑战才是他们快乐的源泉，但他们发现得太晚了。你可以去问问 "我的世界"（Minecraft，译者注：一款电子游戏）的创始人马库斯·泊松（Markus Persson），他把 "我的世界" 以 25 亿美元的价格出售给了微软，之后他才意识到每天早上去工作比在伊比沙岛做上流人士更有成就感[18]]。

把公司延续下去

如果你一直会因你的公司命运而焦急，而且你还想留下遗产，那么就把它延续下去吧——这会令你达到成功的巅峰。但问题是，你可能无法活着见到那一天。赫尔伯特·H. 陶（Herbert H. Dow）很早以前就去世了，他没有亲眼见证陶氏化学公司从美国第三、第二最后直至成为最大化学品公司的过程。但他的遗产让他家族的世世代代、他的员工以及他员工的家庭都变得富足起来。

我还是一个孩子的时候，我的爸爸就很崇拜赫尔伯特·陶。在成长的过程中，我不停地听到陶的名言。对于我来说，陶大名鼎鼎。在初期，陶氏公司生产无机化学品，最早是漂白剂——它只是一种基本日用品，比起其他漂白剂的价格，陶氏公司漂白剂的价格更便宜。公司低价出售产品并且每年都在提高市场占有率。我年轻的时候，陶的公司就生机勃勃。它曾是美国无机化学产业中的第一大公司兼美国的第五大化学品公司。而如今，陶氏公司是美国第一、世界第二的化学品公司。如果有谁能在坟墓中对自己的一生感到满足，陶肯定算是一个。这就是遗产！

即便我的公司并不属于日用品行业或制造业，但我也曾尝试过把我从父亲那里学到的陶的理念植入到我的公司中。如果我只是想写一本关于如何创建并

---

① 索尔特演奏的那把小提琴来自于格罗弗·威克沙姆，他经营着泽塔音乐公司（Zeta Music）。

维持公司的书，那么陶的哲学和人生课程将会成为这本书的中心内容。举个例子，陶曾强调过，在你所处的行业的萧条期你要加大投资，因为他知道他的竞争者们都没有勇气这样做。那什么时候能取得收益呢？在下一个上升期，陶氏公司会以崭新的、现代化的、低成本的以及高效率的生产能力从那些懦弱的竞争者手中夺走生意。

陶氏主义所宣扬的另一理念是雇用年轻人，直接从学校雇用，然后通过给他们终身任期来让他们永久地成为陶氏公司文化的一部分。这样做的好处是什么？忠诚、奉献以及通过其他方式得不到的企业文化。陶最著名的名言是（我爸爸曾无数次地重复）："永远不要提拔一个没犯过大错的人，因为你可能在提拔一个好吃懒做的人。"

在之前那个年代，社会还不像今天这样荒谬（现在"理想的"董事会听命于政府机构和法律），陶氏公司被托付给一个由从前内部人士组成的董事会。那些陶氏公司的经理们退休后仍然持有股份，他们虽然没有开除的威慑，虽然也不再拥有 CEO 的权力，但却对公司极度忠诚。他们了解问题的真相被藏在哪儿以及何人隐瞒了真相，所以他们能快速查明任何事情。50 年前，我还年轻的时候，这种董事会结构还大体上保持原状。好处是什么？没有一位未来的 CEO可以蒙蔽董事会的眼睛。内部的问题永远不能被隐瞒。如果安然（Enron）公司的董事会也这样，它就不会变得那样腐朽。陶氏公司在 80 年前就清楚：外部董事会（当今一家上市公司所必需的形式）大部分是没用的。

如果我们的社会也能有陶氏公司的观念，那么我们所有人都会变得更好。如果可以，不要聘用外部董事，这样会更好，但他们创造出的价值基本为零。你可以雇用或结交所有你可能用到的建议者——但你不需要他们出现在你的董事会中。

> 如果你为了卖钱而创建公司，你需要像收购者一样思考问题；如果你想持续拥有你所创建的公司，你需要像所有者一样思考问题。

文化还是宗教

作为一个想把公司延续下去的创始人，最重要的任务之一就是创造一种当你不在了之后仍能维持你战略和远见的持久的企业文化。如果不这样做，你的继任者可能会关停公司并把公司卖给第一个买得起的收购者，或者他可能把你的公司搞得一塌糊涂。

很少有人会想到，我在森林里创建了我的公司——就在旧金山半岛的一个山顶上。我一生都住在森林里，我认为这是一个宜人且安宁的工作环境。多年以前，在我们公司开始招募更多员工、逐渐做大的时候，很多业内人士会把我们戏谑为"山顶邪教"。我不知道以后我的愿望能不能实现，但如果能，他们在我死后会称我们为"坚定的邪教"，因为如果你想尝试创立并维持一件事物，你就有一种坚定的无法动摇的文化，这样，任何人、事、经济周期或者社会潮流都不能让你的公司偏离正轨。这就是陶所做过的。

不求人还是融资？

第四个问题——你的企业是不是资本密集型企业？你可以用另一个方式思考这个问题：你需要那些会稀释你所有权的外部股权融资，还是很大程度上都靠自己——利用从前利润和银行借款来实现财务增长？

资本密集型企业一般出现在以下领域：重工业、制造业、材料行业、矿业、制药业、技术行业和生物科技业。非资本密集型企业一般倾向于提供服务——金融公司，第7章中的资金管理公司、顾问公司或者是软件公司。但非资本密集型公司也有可能从大规模资金开始做起，这样做的好处是开始时你的企业更大，你能发展得更迅速。而不求人则需要耐心，且你可能要打持久战，从小做起并把利润补给公司去实现自给式财务增长。

> 不要欠风险资本家的人情，尽你所能不求人。

"从大做起"，这听起来很宏伟，但需要注意的是：风险投资家远比你更清楚如何开始建立一家企业。他们会进行无数笔投资，而你的一生中只会进行一笔或几笔。他们并不是为了慈善而投资你的公司，而是为了获得所有权和比利润份额更多的钱。他们能制定策略，所以在你公司进行第二轮或第三轮融资的时候，他们在你的公司中会占有远超过你想象的份额。例如分析师对优步公司的估值达620亿美元，但创始人特拉维斯·卡兰尼克的股份仅有10%。[19]《福布斯》杂志估计，他的净资产约为63亿美元。[20]虽然这也不少了，但与620亿美元依然相差甚远！

不求人的人不仅可以用现金流做一切他们想做的事，而且他们也不需要对外部人卑躬屈膝。只要你可以避开风险投资家，你就可以这么做（如果你决定将来走风险投资这条路，我就不在这里浪费时间告诉你怎么做了，市面上有无数本这类的书可供你参考）。

上市还是保持私有？

最后，你想去创建一家上市公司还是一家私有公司？人们想到CEO时，总会想到一些上市公司的领导，像比尔·盖茨或已故的史蒂夫·乔布斯——这些可都是大公司的大佬。但绝大部分的公司仍是私有的。在我眼中，这更好。这就是像在融资或不求人中进行选择。一般来说，公司上市是为了募集资金——把自己的灵魂卖给大众。但就像从风险投资人手中获得资金一样，你必须和除你以外的其他所有者争论不休——而这样的人现在可能有几百万个！除非你是马克·扎克伯格，能通过谈判得到特殊类别股票，这样，即使他只占有少数股票份额，仍然能对脸书公司有绝对的控制权。虽然他只是个例外，但他证明了我所说的话。

人们总是把首次公开募股（IPO）理想化，幻想着它会带来无穷的财富。但事实上只有少数 IPO 募资状况很壮观——像谷歌、微软和甲骨文公司——其他绝大多数都以失败告终。就像我在 1987 年出版的《华尔街的华尔兹》（*The Wall Street Waltz*）一书中详述的那样，IPO 通常会让人觉得"可能会被过高定价"，所以大部分 IPO 的结果都很令人失望。对创始人兼 CEO 的你来说，头疼的事才刚刚开始。从此刻起，作为上市公司的领导，你会对无数陌生人和公共规则负责，永远永远，阿弥陀佛。你会和股民、监管者甚至法院分享控制权——那些人可都是善变的情妇，而现在他们甚至能投票决定你的工资！

而如果你的公司是私有的，你的麻烦就不会那么多。1940 年，弗雷德·科氏建立了科氏工业集团公司。科氏工业规模巨大，极其成功，可能是世界上最大的私有公司，年销售额估值达 1000 亿美元。[20] 除了具有聪明才智和商业头脑以外，科氏最讨厌苏联政府——这可是一个极其讨我欢心的品质。在成立他的公司之前，科氏在苏联开了几家精炼厂，在那儿，他炒掉了所有苏联政府派来的工程师。[21] 这真是太酷了！

在这个极其艰苦的行业中，尽管有全球范围内规模与影响力巨大的竞争者和讨厌的政府，但科氏工业依然茁壮成长。现在科氏的儿子大卫（David）和查尔斯（Charles）正经营着科氏工业——每人净资产都为 420 亿美元。[22] 他们都是靠自己的本事取得成功的。令人惊奇的是，他们可能是你见过的最友善的人，而且他们也没有上市的需求。查尔斯·科氏曾经说过，如果有人想把科氏工业上市，"就要从我的尸体上跨过"。[23] 但愿他的儿子——蔡斯（Chase）也会持有同样观点，他将继承大部分所有权。

我和查尔斯持相同观点。有时候我在超市购物时会遇到当地的客户，他们喜欢和我交流——他们也认为我应该这样做。所以只要他们愿意，我就会和他们聊天，因为我们之前就关系融洽，而现在也依然如此——公平交易。他们之前不必一定非要雇用我们，但他们雇用了；而我们的公司原来也不一定非接纳他们成为我们的客户，而我们也接纳了。这是我们共同的选择。我们做完交易，他们就成了我的客户，所以他们现在会和我共享时光。

但公众股东就不是这样了。作为一家公开交易的公司的 CEO，对于谁持有你们股票这件事你没有任何控制权。任何人都有可能成为你的客户——他可能是来自于骗子村、拥有网上经纪业务账户、最令人恶心的小流氓。他会迫切地想把你堵在垃圾食品专柜，并控诉你、纠缠你 [①]。你不能和他们说话，他们的利益一般都会损害到你的长期愿景和你公司的健康发展。他们可能只会关心下周的股票表现。

谁在经营你的公司？你，还是普通民众、法院或监管者？

有些时候，为了做对公司的未来而言正确的事，你必须作出一些有代价的决定，这些决定可能会伤害到收益和现在的股票价格。而眼下大众对短期收益更感兴趣。可你也不能在超市里把什么事情泄露给别人，否则你和你的公司都会遇到法律问题。所以，那天在超市的奶制品货架边，我只能微笑、握手、闭嘴、逃跑，然后藏起来。

如果可以的话，最好保持私有化，并且在超市里只跟顾客和供应商见面。但这并不意味着我不喜欢股票，恰恰相反，我喜欢股票——正如我的公司靠投资它们吃饭——我只是不希望经营这样的公司。而你也不应该。

大大的靶心

建立商业帝国和雇用他人可以为你带来极大的满足感，但这样做也有不好的方面——随着你的发展壮大，会有越来越多的人攻击你。因而真正成功的人都会进化出像鲨鱼皮一样坚韧的外壳和不易被伤害的自我意识。

一开始，会有人嘲笑你。因为你所创造的新鲜事物是如此不同，所以它并不在既有秩序之内。很多人无法预见你所能预见到的事，他们还会认为你有些疯狂——直到后来你的公司就像所预见的那样成功，直到那时你才会被赞扬为富有远见的人。几乎每一个激进的成功者都经历过这些。你越成功，那些人原先的样子就显得越可笑。看来史蒂夫·乔布斯称他们为"疯狂的人们"是有原因的。

在这条路上，你也会被他人当做疯狂的人。当我公司开始为高净值投资者做直邮营销的时候（我更喜欢称之为垃圾邮件），业内专家称我们为疯子。当我们开始做网络直接营销的时候也发生了同样的事——他们都说这绝对不会也绝不可能有效！没有人会回复这样的广告并成为客户！接下来我们又从事了广播、平面广告和电视营销。我们发行了网络杂志——MarketMinder.com，这真不是为了宣传我们的服务，只是为了指导投资者，提升他们的能力。这些方法全

---

① 参见第 6 章海盗的内容。

都奏效了，这也是我们成功地建立公司过程中的重要一环。但大部分"懂行人"认为我们脑子不正常。我们在其他国家做这样的事情时，他们的专家权威会说："这也许在美国能行得通，但在这里绝对行不通。"而现在我们的方法在西欧的任何地方都行得通。虽然这仅仅是个例子，但这证明了一点：即使你能做的确行得通的事，每个人在你成功之前都会觉得你疯了。

之后，你的成功会吸引来越发恶毒甚至无耻扯谎的攻击者，他们的行为都是出于自身利益的考虑。这种种结果最有可能出现在你有 100 个到 600 个员工的时候，要视你的行业而定——这样的事情很可能在你取得巨额财富的很久之前就会发生。你必须强硬地回复他们，接受他们的挑战并把他们打到屈服。我——保证你的公司越大、你越成功，就越容易招来那些卑鄙的、下流的寄生虫的攻击。有些人想要钱（他们不会创造自己的财富），有些人是因为意见不同，还有些人则是为了偷走客户。

这可不是可口可乐和百事可乐之间的战争，也不像苹果电脑那些可爱的广告——广告上，Mac 是一个年轻有活力的小孩，而 PC 则是个发福的眼镜大叔。那些行为都是正常的竞争。不，这是有邪恶目的的、诽谤性的、欺诈性的谎言，其目的就是防止你赚更多的钱以及从你这里夺走客户，哪怕只能得到一点点也不遗余力。但在行业内，这是另类的正常竞争！他们既渺小又卑鄙，所以为了看起来有点价值，他们只需要去说服那些不会察觉自己已经上当了的、容易受骗的人。你必须处理这些事情，要不然你就会输。而真正的创始人兼 CEO 是从来不会输的。

黑客、黑社会和贪污者

就像其他公司一样，我的公司也曾不得不去面对各方面的竞争甚至隐性攻击——包括小企业和大公司、贪污者、证券投机者，甚至还有黑手党，他们都想要钱，甚至是前雇员！他们和媒体合作，编造那些有损公司名声或能夺取你胜利果实的故事。大公司每天都会受到上百次黑客攻击，黑客们试图攻破公司的防火墙，试图盗窃顾客信息如账户信息，盗用身份甚至是贪污。这些人都居心叵测。作为创始人兼 CEO，你必须比他们道高一丈。

雇员和顾客的集体诉讼很普遍。任何公司，只要它足够大（总工资超过 3 000 万美元），就会遇这些事。原告的律师通常就像个海盗——一个精通敲诈勒索艺术的行家——只想要钱，拿了钱就走[①]。最大的获益者是律师，而不是雇员或顾客。律师从不承

> 有人可能会控诉你，攻击你，然后再控诉你。这是难免会碰到的事。

[①] 见第 6 章。

认你的某个员工没必要为你工作，他们只会说相比其他选择为你工作更好一些。他们也从不承认顾客没必要购买你的产品，而只会说相比其他选择，用你的产品会更好一些。这些寄生虫一直以正义者自居。一个创始人兼CEO必须磨砺自己，这样才能在寻找好的"杀虫剂"的同时关注顾客、雇员和产品优越性。关于"杀虫剂"，我建议你雇用原告律师来辩护。他们比其他人更了解"海盗买卖"的把戏。我会雇用最好的"海盗"律师，给他们付酬，让他们为我服务，并没完没了地请他们喝朗姆酒！

保持"Just doing it"

耐克公司的菲尔·奈特是一个最完美的例子。首先，没有人相信他能做到。他建立了一个规模巨大的、成功的跨国公司，提供极好的尖端产品——他还在全球创造了几千个就业岗位。

20世纪60年代，日本对于美国来说就像是今天的中国一样——便宜货的来源地（当时，我们总是抱怨日本的外包生意，就像现在我们对中国一样）。当时，美国的运动鞋又沉又不舒服，而德国则有既轻便又舒服的运动鞋，但是设计很昂贵——大概一双鞋30美元（算上通货膨胀，大约合今天的242美元）。[24]

作为一名极其普通的小径慢跑者，爱好日本文化的奈特撰写了一篇商学院论文，标题是："日本能像仿造德国照相机一样去仿造德国的运动鞋吗？"换句话说，日本能以极低的价格生产出那样精妙的产品吗？[25]

随后奈特达成了协议——进口日本的低价仿制运动鞋，并在他那辆破车的后面出售这些鞋。[26]这家勇敢的小公司（从小做起，梦想做大——逐渐扩大了规模）成为了耐克公司。除了消费者，没有人会相信他的廉价鞋子有任何优点，可消费者恰恰才是最重要的。如果产业内的其他人有能力弄清楚这一点，他们就会做这件事了。正因为他们没弄清楚这一点，所以他们也不会明白为什么耐克公司能取得成功。

从前，耐克公司的目标客户是运动员。但是我们中间的运动员很少，我们只有脚，上百万周末战士的脚，还有上百万的沙发客——这些都是潜在的耐克公司的脚。如何让他们需要耐克呢？奈特的办法是说服年轻、有天赋的迈克尔·乔丹穿耐克鞋。马上，所有人都想"像迈克一样"。当时，明星营销——让一个明星的身份成为你品牌的代名词还没有大规模流行起来，而耐克成为了品牌宣传机器。顷刻间，穿耐克成了一件很酷的事。

但是，成功后，奈特自然而然地受到了攻击。为了让耐克设计保持廉价，奈特利用了新兴市场里的工厂。经典的亚当·斯密的做法！反资本主义者迈克尔·摩尔（Michael Moore）的典型靶子！在他的纪录片 *Downsize This* 中，摩尔抱怨，耐克海外工厂的条件很严酷。随后新闻工作者跟进，因耐克的外包行为和虐待劳工嫌疑而呼吁联合抵制耐克。耐克的攻击者想制造出一个耸人听闻的故事，并将其发展成社会议题。

他们有他们的主张，而奈特也有他自己的。他的观点是：虽然他的海外工厂的工作环境可能没达到美国中产标准，但那些工人没有被迫为他工作，他们选择这份工作是出于自由意志。况且，耐克工厂的工人挣的钱基本上比他们的同胞挣的钱要多得多，[27] 而且他们还有更好的福利——现场诊所、员工孩子的学校教育以及更多。但这些都没能阻挡攻击者。他受到无数的攻击，包括来自他母校的。但奈特坚定地认为他是对的——海外工厂对于生产高品质、低价格的鞋子来说是必需的。

对此，以下是我的观点：当时的奈特很可能会因为备受攻击而感到厌倦，进而疲于应对并卖出公司。在签下乔丹之后，他只能孤单地待在运动鞋堆中并成为不错的收购对象。如果当时卖掉公司，他永远不会登上《福布斯》400强榜单，但他会变得很富有并且会永远远离那些烦人的攻击。他再也不会有需要答复的股东，他可以安静地在超市购物。但当时的他没有屈服——这对耐克的员工、股东和任何喜欢购买有竞争力价格运动鞋的人来说，是件幸运的事。他挺了过去并留住了工厂，生产出了除运动鞋以外的产品，并最终战胜了攻击他的人。奈特建立了耐克公司并把它延续了下去，很少有人会具有像他一样的勇气和忍耐力。你有吗？

创始人都是放弃者——放弃吧

所以，你若想成为一个创始人，那就要放弃所有其他的事，在这一点上，不要受他人干扰。创始人首先是一个放弃者。如果你有工作，放弃它，找到一个能养活你的方式后就开始你的事业；如果你是大学生，那就辍学；如果你是美国总统，那就辞职，为你自己做点有用的事，并把前门钥匙交给副总统，因为你总得找个人接替你。干吧！放弃些什么。创始人在创立公司前永远会放弃些东西。

一旦你选择放弃，你的环境就会变得安静下来。除了你的配偶和孩子外，没人会来打扰你。找一个安静的环境去工作。如果你住在一室的公寓，那就试着在一个小角落用毯子建一堵墙，隔开你的配偶——位置并不重要，比起工作地点，与你经常打交道的是你的公文包和笔记本电脑。

关于如何成为创始人，我只会提出几条建议，因为其中大部分都被写进了有关创业精神的书中。如果你还没做，我的第一条建议是去读下面几本适合开始的书籍。

■ 彼得·德鲁克（Peter Drucker）的《创新与企业家精神》（*Innovation and Entrepreneurship*）。这本书极好地综述了企业家需要知道什么才能成功。

■ 凯瑟琳·艾伦（Kathleen Allen）的《创业指南》（*Entrepreneurship for Dummies*）。这是一本开办企业的策略入门指南，特别指出了你何时需要律师。

■ 詹姆斯·C.柯林斯（James C.Collins）和威廉·C.拉齐尔（William C.Lazier）的《超越创业精神》（*Beyond Entrepreneurship*）。这本书写到，如何把你的新生企业发展到下个阶段以及如何建立一家优秀的公司。

拿上你的书去你那用毯子围起来的安静空间吧。我假设——如果你不是为了逃离人类社会而停滞在亚马孙盆地——你有笔记本电脑，且不会对它感到不适，再有一个四四方方、功能齐全且不浮夸的公文包。现在到你的安静场所坐一会儿。注意到有多安静了吗？这是因为那里什么都没有发生，所以接下来把笔记本电脑和一本书放进公文包。去吧。

吉恩·沃森（Gene Watson）创立了无数个激光公司，包括 20 世纪 60 年代行业先锋的相干辐射公司（Coherent Radiation）和光谱物理公司（Spectra-Physics）。在 20 世纪 70 年代的一宗激光生意中，我们一起共过事，他曾向我反复灌输这样一个概念："问题在公司里，而机会则在外面。"离开你安静的空间，到你认为有机会的地方去。如果你不知道去哪儿，就在某个公园停下，拿出笔记本电脑并想出 20 个潜在客户，按重要性把他们排排序。如果你做不到这一点，那么可能真是某个环节出了点问题，而你需要从头再读一遍这一章节——或者换一条路。

现在从 20 名榜单中选出后三名——不是前三名——然后跟他们说说你的想法。你一见到他们，就管他们要钱，用来交换你想法实现后的结果所能产生的未来收益。为什么他们会见你？原因很简单，因为你就是你，你是你所命名的公司的创始人兼 CEO，这家公司有一些新颖的想法，而这些想法可以帮助他们改变他们的世界。

先不要去见对你来说最重要的潜在客户，因为你还没做好准备。最好还是先想出第 21 位到第 40 位的潜在客户，先去见见他们，而不是一上来就跟你最重要的客户吵架。见面之后，先聊、问、听，再做。当你不断给你的客户打这样的电话，那你最初的商务计划就会逐步实现。先不要在国家营业执照签发处登记，不要雇用律师或组建你谓之的公司，也不要租用办公地点或筹集资金——不要。你首先要做的就是获得你客户的兴趣。

为什么我之前告诉你在你的公文包里放一本书？因为你不可能把你所有的时间都花在与客户见面上，你应该花些时间预约更多的客户以及读书。你现在正在做的事情是创建一家公司，而读书可以让你对这件事产生更多的思考。你与客户的会面可以告诉你下一步做什么。如果你可以让客户投资来换取你的想法所产生的未来利益，那么你就能理解下一步要做什么了。

一旦是放弃者，就一直是放弃者

现在，要再一次牢记，你是一个创始人，因此你是一个放弃者，所以再放弃一次吧。你的基础想法很新颖，很有用，但你刚刚开发的客户，其兴趣指明了他们更感兴趣的事——用你新颖的手段去解决他们的问题。因此，从现在放弃给潜在顾客打电话，把这项工作交给别人，比如雇用一个销售员去接近你潜在的客户。这么做十分有道理。第一，你需要一些人从事销售。第二，你给你的销售代表支付提成，这意味着你不需要预付现金（而你也没有）。第三，如果他成功推销，你就可以去关注其他事情（放弃你所有想放弃的事情，除了担任 CEO 这件事以外——直到你做好准备放弃 CEO，成为退休的 CEO）。

很多销售员想要基础工资。这不可能实现，别理他们。你需要一个能理解你的热情和远见的人，这个人会成为一个商业帝国的基石，所以未来会有一天，他将成为一个巨型企业的全国销售经理。好的销售员，其创业精神只会比你少一点，如果做不到这一点，那这个人只能是你的合作伙伴①，他只是希望借你的光迅速致富而已。

记住："问题在公司里，而机会则在外面。"现在你有了销售代表，回到你安静的空间吧，那里很平静，没有发生什么事情。所以放弃那里并雇用一个人坐在你的安静空间，以防那里真有什么事情发生。将来有一天你会希望那里发生很多事情，然后你会称你的安静空间为"总部"，那里也会不再安静。雇用一个人守在那里，那个人不应该是你。你应该待在外面，因为外面才有机会。时刻对客户和潜在客户保持关注，这会让你离你的市场更近。

放弃不是一件容易的事。你的公司是你的孩子、你的激情所在、你的净值所在、你一生奋斗的所在。当你逐渐做大并雇用更多人的时候，你会想要控制权，因为这些人把他们的工作"只视为一份工作"，而且他们也不能理解为什么你对你的事业那么感兴趣。

放弃产生的磨难与胜利。

不是所有员工都会像你一样热爱你的公司。这很正常！接受这个现实吧。但也会有几个人像你一样投入。你需要找到他们，培养他们，然后留住他们——当你想放弃角色 X 的时候，他们就是你能雇用填补这个角色的人。

---

① 参见第 3 章。

上天垂怜，我的公司就有几个这样的员工，他们的存在能让我放弃许多身份。这些勤奋、忠诚、值得信任的女士和先生很好地"接管了"我的工作。他们都是我的三星上将。而你培养的将军越忠诚，你就能放弃越多的身份，你也会因此而越成功、越快乐。我刚刚放弃了 CEO 的角色，没有比这更令人激动的事了。有些人能替我接管商业运作，替我处理这些麻烦，而我能去做我一直热爱的工作——监管投资组合和管理企业战略、与客户互动和写作。我永远不会放弃这些。

为了彻底享受担任 CEO 这件事，放弃一切你觉得无聊的事吧。放弃任何其他人能做得更好的工作，专注于你热爱的部分，你会变得更快乐，你的员工也会变得更快乐，而更快乐的员工也能更好地为你的客户服务。每个人都能从中获利，何乐而不为呢。

到公园里走走

那里有很多事可以做。回到公园的长凳上，拿出你的笔记本电脑，列一张清单，如果你的"总部"不再安静，列出你认为你"总部"所要尽的职责。如果《创业指南》在你的公文包里，它可以帮你完成这张清单。再想出一个可以承担半数以上职责的人，即便不完美——一定把这个人招募进来，给他个运营副总裁的头衔。如果这个人有能力去定期、快速地生产出因你新奇想法而产生的产品（不管是什么），那就更理想了。这个人的工作是接受销售代表拉回来的订单，并把它们转化为噪音，这样你的安静空间就再也不会安静了。

你早上醒来时，问这样一个问题："我怎样才能从我那不再安静的空间中出来呢？"然后你转向你的销售代表和运营副总裁，问："今天我能帮你做什么？"接下来给 15 个潜在客户打电话，然后问："今天我能帮你做些什么？"这些都很简单，几乎没必要写进一本书中。

而另一天早上你醒来后，去做上一段提到的所有事情。然后你转向你的销售代表，说："现在是我们雇用另一个销售代表的时候了——一个你能训练并管理的人，这样我们就能给我们的运营副总裁制造更多的噪音了。"所以就这么做吧。当然，那天你也会像平常一样，给 15 个潜在客户打电话。

当然，你可能是一个更迅速的放弃者。如果这样的话，雇些人完成你在公园长凳上制作的那张清单上的其他所有职责，市场营销、售后服务、产品开发、招聘——不管是什么——所有你清单上的职责。然后每天早上问这些人："今天我能帮你做些什么？"如果他们真的需要你做什么，好啊，先去做吧。但在第二天立刻放弃做那件事，而去雇用其他人做。

这就是一个企业家会做的事，并不是什么难事。如果你做了我所描述的事情，你就是创始人兼 CEO 了——不过是一个小公司的而已。如果你想成为一个更大公司的 CEO，去读第 2 章吧——关于 CEO 的致富之路，关于如何把公司发展到更大规模。因为作为一个创始人，这里就是你道路的终点了，所以结束这章，去看下一章吧！

 创始人指南

开公司是美国梦，但大多数新公司在四年内就会破产。你怎么做才能成功呢？按照下面说的做吧。

1. 选择正确的道路。你能改变世界的哪一部分？选择一个能一直跟上时代潮流的领域，或你能看穿且能改变的不合潮流的领域。

2. 从小做起，梦想做大。不要做梦去成为耐克公司。找一个需要改变或改善的领域，不管那个领域有多小。要从可扩展性的角度去思考问题。

3. 创新或改进。创造出新事物或改善既有事物，或者两者兼顾。创新会创造奇迹，但如果你的产品能做到比旧版本更好、更快、更便宜、更有利润也可以。

4. 为了卖钱而建立公司或把公司延续下去。这需要两种不同的思维模式，做法也不一样，所以，如果可能的话，尽早做决定。每种选择都有各自的考量。你也可以先建立一个帝国，然后再作出决定卖掉它。但是如果你决定把公司延续下去，那么你就需要像一个所有者一样思考问题；如果你想卖掉它，那就要像一个收购者一样思考问题。

5. 不求人或融资。如果你的企业是资本密集型，那你就需要外界的资金。但如果不是，你就有了选择权。风险资本是为那些想卖掉公司的人准备的，因为你的投资者喜欢流动性。如果你想把你的公司延续下去，那么不求人更好，因为它会给你更大的自由。当然你可以选择任何一种。

9. 上市或保持私有。上市可以让你的公司有声望，但同时会给你带来痛苦。尽量尝试保持私有。再次强调一下：保持私有可以给你更多的自由、控制权和熟食柜台的更多时间。

7. 忽略唱反调的人。你的公司越大，你就越容易受到攻击，所以你要变得更加坚韧。

8. 做一个放弃者。创始人都是放弃者，所以选择放弃吧。找一个安静的空间，你会留意到那里什么都没发生，然后你就放弃其他事情吧，直到你的安静空间不再安静。找到一项至关重要的职责，然后放弃掉它。

9. 永远不要放弃你的客户。即使你有优秀的销售代表，你也要跟你的潜在客户和顾客待在一起。你永远不能放弃你的客户或潜在客户，否则你的公司就会消失。

第2章

抱歉，那是我的宝座

有责任心和经营公司真的容易吗？你可能不是一个有想象力的创始人，但也许那间角落办公室就是你的将来。

一些最好的CEO自己并不是他们所领导的企业的创始人——比如美国通用电气公司（GE）的杰克·韦尔奇。但这些不是创始人的CEO们却把公司带到了难以想象的高度。有时改造比完全创造更容易，因此，创始人兼CEO们通常在财富榜上排名很高，而非创始人CEO也能收入很高。这确实是一条致富之路——即使你不渴望达到亿万富翁的地位。整体来看，有半数美国最大企业的CEO赚到的钱已超过了1 080万美元。[1]

注意：头戴CEO的帽子责任重大。企业的成功很少全部直接归因于CEO，但就像"成功的原因千万种，但失败的原因只有一个"这句话所说的一样，这个倒霉蛋却总是CEO。因此，一次大的失败可能毁掉你的前程。所以CEO必须努力——而且现在要比以往更努力。失败的CEO不只是丢了工作，他们还要经常面临媒体的诽谤，甚至被起诉。CEO的高收入经常被妖魔化，可确切地说，他们得到的高收入，是因为他们面临着很大的职业风险。

在这条路上，你需要领导能力和管理水平，这样才能获得职务提升、受到重用，并保住职位。的确全世界都喜欢成功的CEO——他们是英雄！但是，就像我们所看到的那样，英雄、一事无成的人以及行为古怪的人，他们之间的区别经常不是那么明显。

技术经验与尽职尽责

从何处入手？就像第1章说的，从你喜欢的行业入手。除了极少数的创始人之外，大多数CEO都不年轻了。为你喜欢的企业工作，在你喜欢的领域工作，这些都非常重要——当然盈利越多越好①，但是因为要工作很长时间才可能成为

---

① 见第7章。

CEO，所以工作热情胜过获利性。好好享受工作吧！

尽管有捷径让你成为 CEO（后面会提到），但是你仍要努力工作很长一段时间，尽到你的责任。有一条好消息告诉你：如果你成功了，你就能在你的宝座上坐很久，就像汉克·格林伯格（Hank Greenburg）一样。[2] 前美国国际集团（AIG）的 CEO 兼创始人科尼利厄斯·范德·斯塔尔（Cornelius Vander Starr）1968 年就成了 CEO，他在这个职位上一直干到了 2005 年。这本书第一次出版的时候，格林伯格的净资产为 28 亿美元。但是因为他从来没有进行过多元化投资，所以金融危机中 AIG 陷入瘫痪状态时，他的净资产下跌了 90%[3]（他的大部分股票可能被限制交易）。前谷歌 CEO 埃里克·施密特（Eric Schmidt，净资产 113 亿美元）在这个位置干了 10 年，后来又继续担任执行董事长。[4] 前微软 CEO 史蒂夫·鲍尔默（Steve Ballmer，净资产 275 亿美元）[5] 是比尔·盖茨的长期合作伙伴①，他在 2000 年时就坐到了现在这个职位。不是创始人的 CEO 经常选择做合作伙伴，这也是一个作决策的职位。对于这方面的研究，参见第 3 章"成为合适的人"部分。

但是，如果你没有成功，即使你已经尽到了你的职责，依然会被快速炒鱿鱼。想一想，斯坦·奥尼尔（Stan O'Neal）1986 年加入了美林集团，长期以来他都被认为是郭铭基（David Komansky）的法定继任人，因此 2001 年他成了集团的董事长，2003 年成了集团的 CEO。但他的任期到 2007 年就终止了，[6] 或者说他被炒了鱿鱼！当然，即便如此，按我了解的情况，包括他的辞退补偿金在内，在短短的 CEO 任期内，他的总收入也高达 3.07 亿美元。[7] 这当然不是很差。我们还可以考虑一下玛丽莎·梅耶尔（Marissa Mayer），2012 年她出任雅虎的 CEO，想带领雅虎复兴。但结果是她没有带来公司的复兴，四年后却把公司的剩余业务卖了出去。大多数人都认为威瑞森无线通信公司（Verizon）2017 年完成收购之后她会离开。如果是这样，她将带走近 6 000 万美元的辞退补偿金，她的全部报酬也将达到 2.2 亿美元。[8]

> 花点时间，找一个你喜欢的领域吧。

CEO 的成长（我父亲的观点）

做 CEO 唯一重要的品质是领导才能。如果你不会领导别人，你就不能当 CEO。对于有些人来说尽管这种品质与生俱来，但它却并不是你必须天生具备的。你可以去开发领导才能，这是必需的。你不必非得具备个人魅力，但必须具备

---

① 见第 3 章。

领导才能。

怎样学会领导别人呢？我向你保证我不是天生的领导人，而且差得很远，先说说我个人的成长史，看看我都做了什么吧，因为你的成长史可能会和我的一样。对于我来说，这些品质始自于我的父亲——菲利普·费雪（Philip Fisher）。他极其聪明，但是却遭受着一种当时无法诊断的病痛的折磨，现在我们都知道那种病叫做艾斯伯格综合征——与自闭症类似的一种病症，也常称之为"极客综合征"（Geek's Syndrome），因为患者看起来经常"沉迷于自己的怪癖"当中。他们有极高的 IQ 值，精通于数学、语言和写作，但是社交能力却比较差。他们的典型特征是身体上呈现焦躁不安的状态，喜欢在地板上来回踱步，并且喜欢用手不停地敲打东西，他们几乎没有能力知道别人的感觉。这是患有艾斯伯格综合征的人的典型特征，而我的父亲就非常典型。他能说出最残忍的事情，但是他本身却并不残忍。他们的情感世界接近真空状态。

像大多数艾斯伯格综合征的患者一样，我的父亲花费大量的时间独自思考。他是一个伟大的思考者——只是无法知道别人的感觉。他喜欢自己独自坐在那里思考——长达几个小时的独处！但他又能花很多时间和我在一起。他也许是世界上最好的睡前故事讲解员，每天晚上他都给我讲最吸引人的故事，直到我睡着。在讲有些故事的时候，他甚至创造了生动的角色——超级英雄、天生的领袖。那时，我不能理解这些故事怎么会适合我或者为什么父亲会讲这些故事。

作为一名独立的从业者，他一直在 OPM 领域就业 ①。独自一人！他在分析企业经理人，尤其是 CEO 方面能力惊人。他分析他们的行为，但对他们的情感知之甚少。我记起自己年轻时曾看到他和经理们交流的情况，每当谈话转向情感方面时，我父亲就会回到行为方面的话题。从对企业的作用角度看，他对于感情的态度是正确的。40 年来，我们的社会过多地关注了情感——为了自己的利益过于情绪化。伯南克和凯恩斯主义（Bernesian）教会了我为什么我们的情感跟随我们的行为，而不是相反的情况。按照特定的方式行事，情感就会随之出现。否则，如果只是尽量调整情绪，就会是死路一条——不管你做什么都是如此。做了正确的事情，你会感觉更好；做了错误的事情，你会感觉更差。你的行为决定了你情感的变化方向。早期动机行为学者，像戴尔·卡耐基（Dale Carnegie）和拿破仑·希尔（Napoleon Hill）就持有这样的观点，而弗洛伊德学派的精神分析师却不这么认为。

① 见第 7 章。

渺小的我

当我还是个孩子的时候，我不明白这个道理。我是家里三个孩子中最小的，在家中的昵称是 Poco，西班牙语的意思是"小的"，而对于当时年轻的我来说，意思就是"很不重要"。我的两个哥哥个头高、年龄大，也更聪明，而我就是一个不活跃的学生——成绩差，懒惰，不写作业，做白日梦——通常做什么都不快。我最大的哥哥却正好相反，他比我大六岁，成绩很好，体育明星，老师的好学生，受欢迎，很英俊，善于表达自己。他在小学、初中和高中都是学生会主席，毕业时代表毕业生致告别词，获得了洛克菲勒奖学金，最后上了斯坦福大学。而我则太渺小了！

到了六年级的时候——不知道发生了什么，我突然不再逃避做作业，努力学习，取得了好成绩，还加入了童子军。[①]

因为我的哥哥曾经是学生会主席，因此我认为我也应该如此——弟弟们都是很棒的模仿者。为了赢得这一职务，我必须和一个非常受欢迎的孩子——罗伯特·韦斯特法尔（Robert Westphal）竞选。

学生会主席由四、五、六三个年级的学生选出。我知道我无法赢得六年级学生的选票，因为他们太了解我们了，我没有机会。但是我知道，一般来说六年级的孩子对小孩子都很傲慢，而四年级和五年级的学生却无法分清六年级学生和更高年级学生的区别。因此我花了很多时间和小孩子在一起，而罗伯特花了大量的时间和六年级的学生在一起，他认为小孩子会追随大孩子。但最后是我的方式奏效了，我虽然失去了六年级学生的大部分选票，但是却赢得了整个选举。

我恍然大悟：种瓜得瓜，种豆得豆。我对小孩子投入了很多，因此我获得了他们的选票。这种方式很有效，我在七年级和八年级中又重复使用了我成功的方法，通过吸引那些不真正了解候选人的学生的选票而赢得了选举。因此，在我应该成为领导人的地方，我获得了领导地位，但我并不是一个合格的领导人。像任何一个政治家一样，我没有真正关心我的四年级和五年级的选民；我只关心为了选举成功，我应该做些什么。即使他们只是五年级的学生，领导人也会去关心这些他们将要领导的人。从政治角度来说，我知道我正在做什么，但是直到听说了尤利乌斯·凯撒的故事，我才知道一个真正的领导人是什么。

> 任何一个五年级的学生都会告诉你——种瓜得瓜，种豆得豆。

---

① 我也读了很多书——好好学习和取得好成绩对于一个有艾斯伯格综合征的孩子来说不是太难，只要跳开情感的影响思考之后得出结论，需要什么就去做什么好了。

跟随凯撒的领导——在一线领导

在加利福尼亚公立高中，我需要学一门外语才能申请大学，因此我选择了学习拉丁语。霍华德·莱迪（Howard Leddy）是我的拉丁语老师，他让班里的同学阅读课文。不论何时，只要有人问他一些与故事相关的东西，他就会立刻开启讲故事模式，尤其是关于尤利乌斯·凯撒（Julius Caesar）的故事。比起阅读拉丁课文，我们更喜欢听故事，因此，只要一有机会，我们就引诱他讲故事。

凯撒获得成功的一个因素是他在部队的一线进行领导，而罗马的其他军官却跟在队伍后面。

凯撒知道，你不能从后面指挥部队。而罗马模式则认为，如果将军被杀掉，整个部队就很容易受到攻击，因此将军必须留在后面——不管是获胜还是失败。这也是国际象棋的模式——保卫国王。问题是：前方的士兵前进的时候很容易受到攻击，而错误地前进会使整个部队陷入危机，士兵被大量屠杀，部队也被迫撤退，最后，只有指挥者个人是安全的。士兵也知道这一点，所以当凯撒在前方指挥他们的时候，他的士兵知道他不想让他们冒连他自己都不想冒的风险，士兵因此更加有信心、更加努力战斗，并最终获胜。学习拉丁语使凯撒精神深植于我的骨髓。

漂泊十年

令人困惑的大学生活结束后（1968—1972 年，这期间北加州疯狂了），我没有了具体的方向。除了我那独立从业者的父亲之外，我没有现实生活中企业领导人的榜样。凯撒能领导士兵，但是你能领导谁呢？因此，我选择为我父亲工作。我没有更好的选择，如果这也不行的话，那我只有去研究院了。可一年之后，我不想在父亲这里继续工作了，因为他不能理解我的情感，我自己的感觉也不太好。要么是我让他痛苦，要么是他让我痛苦，没有更好的结果，因此我辞职了，开始创建我自己的公司。我那时还太年轻，并不知道我不适合这么做，我就这么做了。我是患有艾斯伯格综合征的独立从业者的儿子，我也是独自一人，也是一个独立的从业者，我也同样花费了大量的时间独自思考。

那时 OPM 的世界 ① 非常不同——更落后、更不专业。经纪人不仅收取很高的垄断佣金，而且还主宰了资产管理业务。那时已经有了财务规划师，但是还像现在这样的格局。他们是避税销售人员，但是《1986 年税收改革法案》（1986

---

① 见第 7 章。

Tax Reform Act）出台后，他们却突然消失了。像我一样拥有执照的独立注册投资顾问虽然存在，但是数量非常少，而且为了收费和业务可以做任何事情。总体上看，我漂了十年，得到了一些客户又失去了一些客户，从一些非常疯狂的事情中获得了一些报酬。

我从图书馆研究项目中获得了报酬。在互联网出现之前的日子里，因为信息很不容易获得，所以你可以为图书馆开发功能从而获得报酬——我即是因为提供了股票、行业和各种奇怪的信息而获得报酬的，例如我研究了非处方药的副作用以及哪些药企受到了影响，对一些特殊股票也有自己的想法。我还有一些客户，因为我向他们提供了投资咨询而付给我报酬——我想他们可能认为我会背地里得到了我父亲的帮助。我还为人们创建了股票投资组合以及财务计划，帮助了几家小微公司使之被成功收购。

同时我还要在建筑部门做兼职，这样我才能收支相抵。有一年，我为了挣钱，每个周三晚上还要在旧金山湾区的一家酒吧弹滑音吉他。为了挣钱我什么事都做。我没有雇员——从来没有想过要雇人。我曾经有一个兼职的秘书，但是她只做了九个月就辞职了，她说我是一个讨厌的、专横的老板，可能是这样吧。除此之外，谁愿意为我工作呢？我也没有领导。

这段时期，我读了很多书，都是关于管理和经营方面的——连续几年每月都会订阅大概 30 本贸易类杂志，比如《化学周刊》（Chemical Week）和《美国玻璃》（American Glass）。我研究公司，还多次研究钢铁制造、玻璃制造、玻璃纤维、化肥、鞋类、农具、起重机、煤矿开采、机床、地表采矿、各种化工品和电子产品。这十年中，我进行了市销率的最初研究，这也是我后来的主业。我到处漂着，但学会了很多东西。

1976 年前后，我开始打包风险资本业务。当时真正的风险投资公司非常少，全国只有 30 家左右。我遇到了一些企业家，他们有新奇的想法，但是却筹集不到资金。我决定帮助他们。我帮他们准备了招股说明书，尽力从当时的风险投资公司和旧金山湾区富裕的个人手中筹集股权资本。

这其中有四笔交易我特别尽力：一家激光器制造商、一家饭店、一家机场豪华轿车服务商以及一家电子材料生产商。在已经完成的交易中，我得到了现金以及 / 或者股权。这家饭店从来没有得到过资助，我确信它必将失败；激光器公司在各方面都非常棒，我也很有动力为其多做点事；豪华轿车公司虽然获得了资助，但几乎马上就失败了。在我获得领导能力的过程中，最重要的一步就是电子材料生产商的这笔交易。

取得实质性进展

这家公司叫做"实质性进展公司"（MPC），获得了大多数东海岸风投资金以及旧金山湾区一些富裕个人的资金资助。公司有技术领先的科学家，当时希望大量生产石榴石晶体，这些晶体主要用于电子产品。公司在晶体生产和打磨方面拥有专利技术，有人提供资金，但是进展不是很顺利。

这时，董事会想找一名一流的CEO，提供更多的资金来扩充业务。正巧此时，MPC失去了舵手，损失了不少钱。为了制止这一切，我开始担任业余的、临时的CEO。我的原则很简单，就是要尽可能地削减成本，减少损失，同时又要防止主要科技人员和经营人员流失。那是1982年，到处的情况都很困难，整个世界都陷入了衰退。我也在挨饿，没有出路，我需要收入。情况就是这样。

星期一，我要在我的办公室正常上班，完成我自己和MPC的工作。星期二早上三点钟，我要开两个小时的车到圣罗莎，这是MPC的所在地，我在这里一直待到星期四晚上，然后开车回家。星期五我又要在我的办公室工作。MPC把我当做顾问，按天给我支付报酬。公司里大约有30个雇员，我以前从来没有管理过别人，但是现在必须去管，我做得还不错——比我预想得好很多。你知道我学会了什么吗？

我明白了：领导能力中最重要的一个组成部分就是展示自我。这点简直让我蒙圈，我读过的任何一本书中都没有这样的知识。可事实就是，热情也具有感染力。我把CEO的办公室搬到了一间开放式的玻璃会议室，这样每个人都能看清里面，也能看见我。我立下规矩，每天要第一个到，最后一个离开。我每天中午带领雇员去吃午饭，晚上去吃晚饭——都是在低等的、廉价的小餐馆——但是我与他们分享了我的时间和兴趣。我奔波于他们之间，不停地和他们谈话，关注每一个人和他们的想法。

> 学会领导别人很容易，你只需要展示自己并尽力而为。

我把他们拉到一起，经常表扬他们，这么做的效果让我吃惊，更让他们吃惊！我在乎的，他们才在乎，这是做管理和领导的一个基本常识——直接来自尤利乌斯·凯撒。突然之间，我感觉到在一线领导员工，他们就会工作得更努力，变得更聪明，更有创新力，而且通常也更在意公司，他们以前可从来没有这样过。我这么做了九个月，结果是我们削减了成本，提高了销售——现金流变为正数，损益表也收支平衡，我们甚至为下一届CEO开发了新产品。我感觉到了被他们需要，所以当他们找到了新的CEO时，我有些难过。我的工作结束了。

与此同时，另一个客户因为一个咨询项目雇用了我，我从MPC请假一个星期，和他一起到处走走，考察了他的一个共同基金主要投资的风险项目。他自己很年轻，我就像他的老朋友一样，帮助他实时地搞清楚他正在做的事情。

我们拜访了传奇人物约翰·邓普顿和阿诺德·本哈得，他们是《价值链》（*Valueline*）杂志的创始人和 CEO——当时这是一个响当当的名字。还有约翰·特雷恩——那时是《福布斯》的专栏作家，经营着一家资金管理公司，并刚刚创作了一本畅销书《金钱主人》（*The Money Masters*），这本书有一部分写的是我的父亲。我们还拜访了其他更多的人，可这些人中的大多数对于如何经营一家实体企业知道得并不如我多。他们雇人来管理他们的资金——他们不知道领导才能的要义，而这些我则在 MPC 时已经从骨子里感受到了。这的确使人大开眼界。

也许我应该雇几个人来为我工作，就像在 MPC 时那样，与创建企业的人相比，他们会干得一样好，或者更好。邓普顿超强的投资技术使人印象深刻，但是这些人中没有谁的经营和领导才智值得称赞。邓普顿超级富裕和成功，但是他们中没有谁是纽柯钢铁公司（Nucor，本章后面有相关内容）的肯·艾弗森（Ken Iverson）一样的人物。没有人是我认为的榜样式的 CEO。

再回到 MPC 时，我自己掏钱住旅馆，饥肠辘辘。旅馆越便宜，你会感觉越孤独。一天晚上，我孤独地坐在 18 美元的廉价旅馆房间里，陷入了沉思。孤独，孤独！没有电视，没有电话，没有空调。在艾斯伯格综合征被人们认识以前，我就是艾斯伯格综合征患者的儿子了。然而我学习到的点点滴滴都开始联系在了一起。我能管理着、领导着至少几个人，也许我能够开始写作，做市销率的事情，也许我能创建一个只做资金管理的企业……因此，在离开 MPC 之后，我开始创建我的企业。① 对任何一个 CEO 来说，有两件事最主要：怎样领导他人以及怎样获得工作。

怎样领导他人

嗨，我刚才已经告诉你怎样去领导别人了——在第一线领导。展示自己、关心别人、关注他人、从早到晚和他们在一起。关注团队的每一个人和整体，花点时间和经理在一起，花点时间和一线人员在一起。付出你的时间——从一线人员开始，不要让他们做你不想做的事情，让他们知道你关心他们。和销售人员一道去看看他们的客户——也是你的客户。和你的手下去看看你的供应

---

① 那是第 1 章讲到的创始者 CEO，在这里不赘述。

商——也是他们的供应商。如果你们去旅行，他们坐二等舱，你也必须坐二等舱；和他们住在同一家酒店，选相同等级的房间。你要和他们在一起，如果你把自己放在高高在上的位置，那么他们在内心也把你放在高高在上的位置，这就是问题所在。如果你关心他们，他们也会关心你；如果他们关心你，他们就会尽量做得更好。

这就是领导艺术——让他们尽量学会关心，这样他们才能尽可能地做得更好。人们经常会问，为什么你没有一架私人的喷气式飞机？如果我有这样的飞机，就会打击我手下人的情绪。我必须坐商业飞机，他们喜欢这样。我和他们在一起的时候，我就坐二等舱，我的客户看到我在飞机上坐这样的座位都很吃惊。如果你想得到 CEO 的收入，就不要做一个大傻瓜，不要搞特殊待遇，那样会激怒你手下的人，这就是"在一线领导"的含义，你真的不能从后方进行领导。问问你自己，肯·艾弗森会做什么，尤利乌斯·凯撒会做什么。好吧，也许凯撒应该多雇些保镖。

我读了许多关于如何做 CEO 的书，在本书的最后也列示了其中的一些书目。但是对于领导才能和做 CEO，我学到的最重要的事情还是来自于尤利乌斯·凯撒以及实质性进展公司。无论你是一个创始人兼 CEO，还是像我在实质性进展公司那样做一个接替别人的 CEO，关键都在于你要怎样深入你员工的内心，你应该关心——他们、企业、客户、结果。他们要相信，你不只是为了赚钱。他们要相信，你也要让他们相信，让他们相信最好的办法就是相信你自己。你花在手下人身上的时间越多，你得到的乐趣就越多。住糟糕的旅馆和坐二等舱并没有乐趣，但是的确有作用。

怎样获得工作

成为一个非创始人 CEO，有四种最好的方式：

> 告诉他们你关心他们——通过在第一线领导反映出来。

1. 通过当合作伙伴坐上宝座。
2. 收购企业——从字面上讲。
3. 成为万事通。
4. 受雇。

做合作伙伴

先做合作伙伴[①]，然后换个方式，这是成为 CEO 相当常见的办法——杰

---

① 见第 3 章。

克·韦尔奇、史蒂夫·鲍尔默、斯坦·奥尼尔、李·雷蒙德（Lee Raymond）、蒂姆·库克（Tim Cook）和其他许多人都通过这种方式当上了 CEO，这叫稳步上升模式。这种方式风险低，但是入门难。它需要做合作伙伴的技巧，而且还具有不确定性。

收购企业——从字面上讲

也许只是购买一家小企业（如果你有钱的话）。这主要是一个单人私有股权的交易，应该比当一个创始人更简单。购买，改造，使之壮大——就像沃伦·巴菲特一样，他先购买了一家小型纺织企业，然后把它发展成伯克希尔·哈撒韦公司（Berkshire Hathaway）。或者像杰克·卡尔（Jack Kahl）一样，1972 年，他花掉 192 000 美元购买了一个小型的管道产品公司曼科（Manco），当时他们只有一种产品，即功能很多但又不起眼儿的、银质的工业用胶带。他给它取了个新名字——"鸭牌胶带"（Duck Tape），并把小鸭子当做吉祥物。大约 30 年后，卡尔把曼科公司卖给了德国汉高集团，售价高达 1.8 亿美元。[9] 真不错！

成为万事通

许多 CEO 来自风险投资公司、私募股权公司以及主要的咨询公司。当实质性进展公司举步维艰时，我得到了这份工作——因为我了解风险投资行业的人——你也会了解。如果不是我太年轻，缺乏经验，我会把这份工作一直做下去。给 MPC 投资的风投公司之一是有波士顿背景的 Ampersand 风险投资公司，这家公司派到 MPC 的年轻助理中，有一个叫史蒂夫·沃尔斯克（Steve Walske）的小伙子。我和史蒂夫共事了很长时间，成了很要好的朋友，他是很棒的小伙子，聪明、睿智，很清楚 Ampersand 公司的持股情况。

其中一家持股公司——参数技术公司（Parametric Technology Corporation），是一家波士顿背景的企业软件公司，当时公司的经营也很困难。史蒂夫辞掉风险投资公司的工作去经营这家公司，20 世纪 90 年代早期他成为公司 CEO 时，该公司已是一家上市公司，总市值大约 1 亿美元。那时，他已经成了真正意义上的 CEO。20 世纪 90 年代末期他离开公司之前，公司的市值已经增长到100 多亿美元。

因为有风险投资背景，史蒂夫作为 CEO 的事业如日中天，非常成功，还增发了公司的股票。走出校门到风险投资公司工作除了做风险投资业务外，还要等待时机，直到一家业务不太稳定的投资组合公司为你提供一个做 CEO 的机会，就像史蒂夫·沃尔斯克一样。如果有在主要的咨询公司或者私募股权公司工作的经验，你也可以做同样的事情。

受雇

我提出的最后一种方式听起来有些奇怪，有悖常理，但是的确有效：

（1）上一些表演课。

（2）研究一下猎头公司。

找工作不要通过低端猎头公司，而是要通过高端管理人员猎头公司，像史宾沙管理顾问咨询公司（Spencer Stuart，www.spencerstuart.com）或者罗盛咨询公司（Russell Reynolds and Associates，www.russellreynold.com）。当董事会需要新的外部CEO时，他们会求助于这些猎头公司。招聘人员和董事会成员在这一点上与我的观点完全不同，但是这个程序相当简单、浅显——先看简历，继而电话面试、亲自面试、背景及推荐人审核，然后董事会面试。

招聘本身更看重面试技巧而不是真正的领导技巧。我也遇到过我不会聘用的人，因为他们本身就是极好的面试官，所以通过这种方式捕狗人都会不时地被聘任为CEO，而在现实生活中没有什么成就的一些人通过这个方法却多次获得CEO职位。这就是表演的作用，表演能帮助你给人很棒的第一印象，很快打动别人。

招聘人员认为他们能够识破粉饰过的个人简历。有些人能够识破，但是还有很多人却不能。如果你没有当过CEO，那么那些不能识破你的人就会是你的市场。你可以把你的个人简历好好包装一下。这不是在撒谎——只是在包装。我敢打赌，读过这本书的2/3的人不仅比我更知道怎样包装简历，而且还这样做过好多次。如果你觉得自己对此不在行，那么有很多书会介绍找工作的窍门的。

开始时，从小公司做起

你不要尝试着从IBM的CEO做起，先从小型私人企业入手，他们的外部董事会需要有人对企业进行改造。为了使你的工作有实质性的进展，你需要和我在实质性进展公司做得一样好。

在这方面做得好的人，从来没有停止过与寻找高管的猎头公司见面或向猎头公司推荐自己——从来没有。一旦你成为一家小型私企的CEO，那么你应该立即开始与两倍于现在公司规模的公司进行面谈，但是不要通过给你找到第一份工作的猎头公司来做这件事，他们不能也不想让你从刚为你找到的工作中离开，你可以到处推销自己。如果你成了一家20人公司的CEO，那就和你能够找到的每一个下家共进午餐，并随时告诉他们公司的进展。如果你想两年之内，找一家大公司做CEO的工作，就不要和你正在经营的这家糟糕的小公司再有联系。勇往直前，不要停止，把这种更小的公司抛在身后不要内疚。两年后你会取得许多进步，就像我在实质性进展公司九个月取得的进步一样。

我认识一个人在这方面做得很棒。据我所知，他以前应该是个证券罪犯[①]。八年中，他用上述程序得到了四个规模不断增大的企业的 CEO 工作——所有的都是通过猎头公司找到的——有一家猎头公司他甚至用过两次。据我所知，这些工作他都做得很好，再也没有违过法。一旦他通过了第一份工作的审核，他就再也不用接受背景审核了。因此，我的观点是，比起其他技巧来说，面试技巧更重要。

还有一个人，我很喜欢他，他人很好——但他是个刻薄的领导。通过这种方式，他起初管理一家公司的部门，这个部门以前的经营并不好，自从他得到这个职位后，就逐渐开始跳槽到规模更大的公司，最后他被选中经营一家入选《财富》100 强的公司，这家公司后来很快被接管，他也受到了停职金制度的保护。我虽然喜欢这个人，但是他没有创新——根本没有领导才能，只会躲在幕后指挥，分析能力也不足。从我认识他以来，他干的每一件工作都不会超过两年。但因为他面试效果很好，人也品貌兼优，富有魅力，很迷人，很容易让你相信他，所以他持续获得更大公司 CEO 的工作和高薪。在舞台上他是个很棒的演员。上一些表演课吧，这很有帮助，你也可以这样做。

高薪

你的目标是什么？大公司（以及一些小公司）的 CEO 能获得高薪、股票期权、递延补偿（基于税收优惠方式的其他薪水）和其他的额外津贴。为了获得更好的条件和潜在的离职补偿，聪明的 CEO 会提前讨价还价。

谁赚钱最多？表 2.1 列出了 2015 年美国前 10 大高薪 CEO。注意：前 10 个名字总在变，而且有时变化很大，这要看每年行业的发展情况、个人的进步情况以及为获得最好的条件讨价还价的情况。本书的第一版中，前 10 名（从 2007 年开始）多数来自于高级金融行业，像摩根士丹利的约翰·麦克（John Mack）、高盛投资公司的劳尔德·贝兰克梵（Lloyd Blankfein）和美林集团的约翰·舍恩（John Thain）。他们现在都掉出榜单了，目前的前 30 名已经没有了银行或经纪业 CEO。能源和自然资源企业 2007 年的表现也很突出，现在则随着石油和商品价格的下滑而一落千丈，2015 年的前 10 名已经没有了他们。2007 年的最高收入者只有一名还留在 2015 年榜单里：哥伦比亚广播公司（CBS）的莱斯利·穆

[①] 他的名字我省去了，这样他就不会控诉我胡扯。

恩维斯（Leslie Moonves），CBS 也是仅有的还在前 10 名的公司。变数很多——收入颇丰，但职业风险太大。

表 2.1　2015 年美国前 10 大高薪 CEO

CEO	企业名称	总工资
大卫·M. 扎斯拉夫 （David M. Zaslav）	探索通信公司 （Discovery Communications）	1.561 亿美元
迈克尔·T. 福莱斯 （Michael T. Fries）	自由全球公司 （Liberty Global）	1.119 亿美元
马里奥·J. 加百利 （Mario J. Gabelli）	GAMCO 投资者公司 （GAMCO Investors）	8 850 万美元
萨提亚·纳德拉 （Satya Nadella）	微软 （Microsoft）	8 430 万美元
尼古拉斯·伍德曼 （Nicholas Woodman）	数字摄像机公司 （GoPro）	7 740 万美元
格雷戈瑞·B. 马菲 （Gregory B. Maffel）	自由媒体和自由国际公司 （Liberty Media & Liberty International）	7 780 万美元
拉里·埃里森 （Larry Ellison）	甲骨文公司 （Oracle）	6 730 万美元
史蒂文·M. 莫伦科普夫 （Steven M. Mollenkopf）	高通公司 （Qualcomm）	6 070 万美元
大卫·T. 滨本 （David T. Hamamoto）	北极星房地产金融公司 （Northstar Realty Finance）	6 030 万美元
莱斯利·穆恩维斯 （Leslie Moonves）	哥伦比亚广播公司 （CBS Corp）	5 440 万美元

为更好的条件未雨绸缪——包括离职补偿。

这些人中很多人的名字并没有达到家喻户晓的程度，而且具有讽刺意味的是，高薪也不总是和做得最好的公司联系在一起。高薪经常针对的是具有广阔的职业前景、能在许多企业中做 CEO 的人，他们也面临巨大的职业风险，几年中都过着命悬一线的生活——把他的职业生涯赌在了短期内要发生的事情上。斯坦利·奥尼尔以他的未来做赌注，但是失败了。历史会证明玛丽莎·梅耶尔也做了同样的事情。也许没有人再付给他们高薪让他们做大红大紫的 CEO，但是他们提前讨价还价索取了风险补偿金。

媒体的抱怨

当心，CEO 的高薪经常招来媒体的唠叨："他们不值这些钱。"或许是这样，或许不是。但这应该由董事会决定（退一步说由股东决定），因此这种抱怨没有意义。如果你不喜欢它，就别买它的股票。如果你喜欢它——太棒了！或许这就是你的致富之路。埃克森美孚的前 CEO 李·雷蒙德 2005 年退休时拿到了 3.51 亿美元离职补偿金，媒体听闻恼羞成怒。[10] 他值这些钱吗？我不知道。但我很确信，即使不是全部，大部分条款也是事先已经磋商好的合同的一部分。程序是这样的：如果我能做这件事，股票达到某个价格，销售和利润达到某种情况，那么我就可以获得 X，Y 和 Z 的报酬，交易达成。如果你辞退了我或者我辞职，那么根据公式就能计算出我应该得到的报酬。双方都认为交易对他们有利，虽然通常看起来对一方比另一方更划得来。

时间选择也很重要。2005 年，埃克森创造了一家公司可达到的最大年度利润——360 亿美元。[11] 事实上，雷蒙德获得了其中的 1%，因为他监督埃克森—美孚间重要的并购——这不是一件小事。在他任期的 11 年里，股票价格增长了大约 400%。[12] 简单来说，如果你把 1 000 美元放在标准普尔 500 上同样的期限，那么会变成 3 323 美元，但是这 1 000 美元如果放在埃克森，将会变成 5 000 美元。[13] 成千上万埃克森的股东——个人、机构、养老基金——都从中获了益。不要忘记埃克森八万多的员工 [14] 以及他们的薪金和拿到的退休资金。如果大部分大企业能保证他们的股票价格，长期以来企业也能经营良好，那么它们也很愿意向雷蒙德支付薪金或者更多钱。问题是，这从来具有不确定性。

对于一些人来说，高薪看起来"不道德"，尤其是在占领华尔街和"1%"被诟病的时代。大多数观察者对向成功的人支付高薪这件事并不生气，但是他们真的憎恨失败的 CEO（凭感觉或其他方法）离开公司大门的时候还能得到巨额的薪金。他们憎恨银行业以及更多金融业中的"寻租"CEO 们。严厉指责他们！可如果你成了 CEO，即使失败了，而且还公然地受到严厉指责，但你几乎仍然是以财务上的富足而告终（除非你是汉克·格林伯格，而且不多元化投资，但即便是如此，在美国国际公司陷入困境的时候，他仍然能有 2 800 万美元落袋 [15]）。

CEO 和超级英雄

成为 CEO 很难，而长期当 CEO 更难。让你保持胜算的一种方法是：想一想英雄。让自己成为一个令人惊心动魄的风险承担者——一个有眼光、勇于追求并敢于承认错误、调转方向接着再无畏地向前进的人。好的英雄常会作出非常孤独的决定，但是他们却会向董事会、雇员和股东兜售这些很少有人采纳的路径到底好在哪里。尽管这些决定可能失败，但是真正的英雄通常能迅速恢复活力。

前超级英雄式 CEO 就是 GE 的杰克·韦尔奇（净资产达 7.2 亿美元）。[16] 韦尔奇 1981 年成为 CEO 的时候，GE 还是一个非常棒的公司，他把公司折腾了个底朝天（即裁员），公司却变得更棒了。韦尔奇不仅仅削减工资，他还把业务线减少了 1/10，对于他来说，如果 GE 不是世界上的领先者，或者在某种意义上的第二名，那么它就不应该在那个行业中。在他整个职业生涯里，他每年都要解雇排名后 10% 的经理。[17] 尽管那些被解雇的经理可能不高兴，但是在现代历史中却很少有 CEO 被认为像韦尔奇一样优秀。

> 当英雄是坐上 CEO 宝座的很好的一条路径。

非英雄不敢进行大规模的重建，认为重大的、彻底的改革风险很大。他们害怕抵制的力量。雇员和媒体当然憎恨终止合同，可韦尔奇不害怕。现在许多人都在模仿韦尔奇的风格，他的风格使 GE 表现很好——在他 21 年的任期中，向 GE 投资 1 000 美元，可以变成 55 944 美元，而这 1 000 美元投在标准普尔 500，只会变成 16 266 美元。[18]

肯·艾弗森，前纽柯钢铁公司的 CEO，曾经是空前的、最伟大的 CEO 英雄。人们崇拜他，我也崇拜他。20 世纪 60 年代，艾弗森把纽柯钢铁公司从破产边缘拉了回来，并在钢铁很不景气的时代打造了纽柯钢铁公司的神话。如今，纽柯钢铁公司是美国最大的钢铁企业。他是按老式方法建造纽柯钢铁公司的，开发了技术、低成本生产线以及新奇的管理方法。他直接挑战了传统钢铁业，低价抢走别人的生意，吃了他们的市场份额。他建造了精简的、节俭的机器以及优秀的管理模式——现在全球都在模仿的一种模式。

几十年来，因为臃肿的官僚机构、工会的扼杀以及政府的保护主义，美国的钢铁业一直在垂死挣扎。艾弗森分散作决策，削减经理人员工资，保持着从工人到他只有四个管理层级。他推动创新——每个人都创新，他的员工很爱他，为了他能上刀山下火海。他的故事成就了 1991 年的巨著《美国钢铁》（*American Steel*），这本著作是由我的朋友理查德·普雷斯顿（Richard Preston）完成的。

我第一次遇到艾弗森是在 1976 年，当时很少有人能够看清纽柯钢铁公司的前景，但是艾弗森让我大吃一惊。他几分钟内就能让你对他产生信任。比起在豪华的办公大楼中——在那儿他也很舒服，他和他的员工在厂子里感觉更舒服。

这种品质对一个人成为英雄式 CEO 来说太关键了。你必须让你的员工崇拜你，而同时又认为你是一个混账的人。尽管有时需要高压政策（但不要一直有火爆脾气），但是你必须要公平、公正。不仅愿意承担高风险，而且也要精明地深谋远虑，而不是诡计多端。你不管是和最小的客户或者最低水平的员工在一起，还是和董事会在一起，都要同样高兴，甚至跟前者在一起时要更高兴！通常英雄式 CEO 总是提前设定其报酬，以符合他们能带来的巨大利益。那么当他变富之后，很少有人去抱怨。大多数想成为又难以成为英雄式 CEO 的人，会因为缺乏一项或更多项这些品质而以失败告终。

卡莉·费奥莉娜（Carly Fiorina）2005 年被惠普公司免职，她离英雄式 CEO 差得很远。她上过电视和杂志封面，被许多人视为富有魅力的英雄。她带领惠普与其对手康柏合并。但就像并购中经常出现的情况那样，最初的结果并不顺利。起初她似乎大名鼎鼎，但是惠普的文化建立在"走动式管理"模式之上，这是由共同创始人戴维·帕卡德（David Packard）提出来的，而她却似乎远离了这种模式。如果员工不尊重你，那么一个想成为英雄的 CEO 就不能坚持下来。比起跟小客户和基层员工在一起，她跟媒体和董事会在一起看起来更舒服。按我的观点，就是在这一点上，她差得很远。因此当情况变得很困难时，她缺少来自基层的支持。于是她被免职了。当然结果也不错，她获得了 2 100 万美元的离职礼物。[19] 但是我想，没有人会再雇用她做顶级公司的 CEO 了。一切已经结束。但是她仍然很忙碌，忙于从加利福尼亚州竞选（并落选）美国的参议员，然后作为共和党的候选人参加 2016 年总统竞选。结果是，她在政治上的表现并不比她在经营企业上的表现强，美国人也并不比她的员工更崇拜她。

费奥莉娜的失败说明了一个基本原则：每个 CEO 每个月必须花费时间和正常的普通客户与公司的基层员工在一起。忘掉这一点，注定要失败。象牙塔里的 CEO 只是扫了一眼这句话，依然过着他们自己的日子——但最终必定失败。顶级 CEO 从来不会忘记什么成就了公司，那就是为什么员工都崇拜英雄式CEO——他们从来不会远离基层。他们看起来好似军队中的一员，虽然大名鼎鼎，但和基层人在一起很舒服，而且是兴趣使然。

注意：费奥莉娜、奥尼尔、Yahoo！的特里·塞梅尔（Terry Smel）、Countrywide 的安捷洛·莫兹洛（Angelo Mozilo）以及许多其他人从他们的"宝座"上退下来后，仍然沿着这条路继续前行。即使你不想像韦尔奇或艾弗森那样成为一名持久的英雄式 CEO，你仍然能够挣大钱，存在银行，然后退休——或者从董事会得到一个带薪的职务。许多公司都会聘请原 CEO 当他们的董事会成员。

> 要成为英雄式 CEO，就要花时间和你最小的客户以及基层雇员在一起。

最好的角色

高薪不是沿这条路前行的重要原因。成为 CEO 最重要的意义在于，与他们遇到你的那一刻相比，他们在你的帮助下变得更好，而且他们现在的成就远超他们当初的想象——这非常有益。抛开金钱不说，一旦你得到了真正的领导才能所能带来的那种感觉（就像我在实质性进展公司的感觉），那么你就和你的员工融为了一体。除此之外，你找不到这种体验。一旦你成了那种 CEO，你就成功了。

这是一条我鼓励所有人都去追求的道路，因为如果你真正成功了，你就能帮助他人，而且能够实现公司财务目标之外的某种社会价值。GE 和微软向我们的世界提供了巨大的社会效益。如果它们经营得不好，那将很可怕。小企业也一样——你可以在此开启你的致富之旅。如果 CEO 经营得很差，那就是可怕的浪费。而你也许能比他做得更好。记住我的经历，你不必经过大量的培训才能去做管理工作，你只需要关注的是：展示你自己，关心别人，在一线进行领导。

高管教育

若你想在这条路上继续你的旅程，那么下面这些书能够帮助你：

■ 艾伦·考克斯（Allan Cox）的《你内心的 CEO：揭开高管的内心》（*Your Inner CEO: Unleash the Executive Within*）。作者提供了案例研究和实践工具，帮助你看清你自己，还强调了从小到大经营企业所必要的品质。

■ 杰弗里·克雷默（Jeffrey Krames）的《最佳的 CEO 知道的事情》（*What the Best CEOs Know*）。这是一本关于如何成为英雄式 CEO 的优秀教材，书中有许多已过世的名人 CEO 的事例。

■ 威廉·怀特（William White）的《从第一天开始：开启非凡职业生涯的CEO 建议》（*From Day One: CEO Advice to Launch an Extraordinary Career*）。一本合作伙伴 ① 想转换成 CEO 的指南用书。书中包括创造良好的第一印象、管理职务比你高与比你低的人以及网络系统。

■ D. A. 本顿（D. A. Benton）的《如何像 CEO 一样思考：成为顶尖人才必备的 22 个重要特质》（*How to Think Like a CEO: The 22 Vital Traits You Need to Be the Person at the Top*）。本顿的书源自对 100 多位 CEO 的面试，书中讲述了幽默等个人品质有助于你一路向前并登顶。

---

① 见第 3 章。

■帕特里克·兰西奥尼（Patrick Lencioni）的《CEO 的五大诱惑：领导的传说》（*The Five Temptations of a CEO: A Leadership Fable*）。这本新书要一口气读完，不可能放下，书中揭示了等着你的陷阱，如把自己放在第一位或者混淆了被喜欢与领导才能。

 ## 成为首席的指南

即使你没有创建你自己的企业，但你仍然能领导企业到达新的高度。同时你还可以得到高额薪水以及其他丰厚的津贴。这不容易，（通常）需要很长时间才能达到。而一旦你获得了成功，媒体就会无情地刺穿你。你会因为任何一次小的意外而备受指责。这就是你要承担的风险——但这是能得到高薪的职业风险。尽管失败的 CEO 也能挣钱，但是长期做这一职业才是更可取的。你怎样才能在这条收益颇丰的道路上坚持很长时间呢？

1. 享受你做的事情。 在能坐在自己小角落的办公室之前，你需要一段很长时间的职业生涯。如果你对自己做的事情很有热情，也很喜欢，那么花几年时间很容易，是的，要热爱你的公司。

2. 不要以做 IBM 的 CEO 起步。 首先要定位小公司，提高找到工作的可能性，这样才不至于堵上你的路，阻止你从更大的公司得到下一份 CEO 的工作。或者你只需要做一份重要的工作，从小向大成长。

3. 获得工作。 除了创立你自己的公司外，还有好多方法能帮助你努力争取到达顶峰。

a. 合作。 从小公司稳步高升的方法值得一试，真实有效，获利颇丰。我们许多最好的 CEO 都曾经是合作伙伴。

b. 购买公司。 如果你有现金——你自己的或其他人的——你可以做一单一个人的私募股权交易，购买一家你喜欢的公司。

c. 成为万事通。 如果你在风险投资、咨询或私募股权公司，那么你就可以加入并成为麻烦不断的投资组合公司的领导。你甚至可以专门沿着这条路一直走下去，成为万事通的家伙。

d. 受雇。 上上表演课，练习一下面试，请潜在新老板吃吃饭、喝喝酒。一旦你得到了这项工作，就开始向下一家更大的公司推销你自己。重复使用这种方法，你就能够跳跃着成为大公司的 CEO。

4. 领导。 当领导的关键就是展示你自己，并一直做下去。你可以阅读这方面的书籍，但是最好的学习方法就是去实践。展示你自己，并且关心他人。和你的员工谈谈话，让他们感到你把他们放在第一位。要做得充分，这样你才能发现你的确关心他人，你的确把他们放在第一位，而且你的确想让他们成为他们能够成为的最好的人。

5. **从一线领导。**向尤利乌斯·凯撒学习。如果你每次都带头，不躲在幕后，那么你的员工会更尊重、遵从并且喜欢你。花时间和他们一起谈话、出行。路上，和他们住同样的旅店。

6. **花时间和你最基层的员工以及最小的客户在一起。**如果你是一流的，那么就在一线进行领导。不是在董事会会议室，而是和基层的员工以及最小的客户在一起感觉更舒服才是更重要的。这样能培养信任、忠诚，使你和企业文化紧密联系在一起。

搭个顺风车：合作伙伴 第 3 章

善于挑选获胜的良马吗？认为当老板很难吗？你命中注定要搭顺风车。

一些赚大钱的人不希望自己独享。而合作伙伴也可以做到高位，对公司能起重要作用，也可以成为备受尊敬的领导，并且变得富有，但又从来不用忍受 CEO 的极限压力。他们找到了正确的良马，套上马车，并助良马一臂之力。尽管他们可能从来没有戴上过 CEO 的王冠，但是一些著名的合作伙伴也有几十亿身价——巴菲特的搭档查理·芒格（Charlie Munger）就是其中一个，他身价 13 亿美元。[1]

这不是件容易的事！很难猜测你跟随的 CEO 正在把你领向一个新的高度还是让你跌下悬崖。真正的合作伙伴不是旅鼠或者当卑躬屈膝唯命是从的人（尽管坏人可能会这样）。绝不是这样！合作伙伴也会受到董事会、员工、股东和 CEO 的尊敬，他们会得到报酬。而且，他们会说、会做 CEO 不能说、不能做的事。CEO 太公众化了！太引人注目了！如果玩好警察和坏警察的游戏，猜一猜谁会当坏警察？也许好的合作伙伴不会给创始人兼 CEO 带来巨额财富，但是他们可以获得高薪、稳固的所有权以及高额的净资产。

为什么搭便车？

是不是听起来比邪恶博士的猫——Bigglesworth 先生 ① 还坏？不！不要把合作伙伴与"马屁精"或"卑躬屈膝阿谀奉承的人"等同起来。马屁精没有感染力，可合作伙伴有。这不只是成为一个高层公司领导的问题，这是成为一个搭档的问题，而 CEO 不能没有这个搭档。

退而求其次赚到的大钱

成功的合作伙伴能赚到大钱，且不比其他致富道路赚得少。虽然他们不是

---

① 译者注：《王牌大贱谍》系列的人物。

通过最富的途径①或者OPM途径②，但是他们仍然和通过其他方式致富的人一样做得很好，甚至更好。芒格13亿美元的身价远远逊色于巴菲特655亿美元的身价，但他仍然是富翁！亿贝网（eBay）最初的雇员杰弗里·斯克尔（Jeffrey Skoll）以前是杨致远（Jerry Yang）的合作伙伴，现在有41亿美元的净资产。²克里斯托弗·考克斯（Christopher Cox），脸书的首席产品官和马克·扎克伯格的得力助手，2015年全部收入竟接近1 200万美元。³

还有另外的优势吗？搭便车比成为CEO有多得多的机会。CEO一人可以有多个合作伙伴——大公司可以有许多高级副总、董事及其他高级经理。你可能没有达到比尔·盖茨或者杰弗里·斯克尔式的财富，但是你在这儿也能获得巨额财富。但别搞错了，这不是免费的搭车，他们也是有着令人敬畏成就的真正领导。鲁伯特·默多克（Rupert Murdoch）的老搭档彼得·谢尔尼（Peter Chernin）［作为新闻集团的首席运营官（COO），他去年的全部收入是2 880万美元］发行了《辛普森一家》（The Simpsons）和《飞跃比佛利90210》（Beverly Hills 90210）——福克斯公司的巨大热门剧。⁴他是默多克DirectTV谈判的关键人物，并负责使福克斯公司成为热门剧的生产工具。他经常被提名为迪士尼潜在的CEO。⁵

公司的头不好当

许多人并不想当CEO。太难了！巨大的风险、压力、个人牺牲——对心脏不好的人没有好处。追随合作却容易得多。史蒂夫·鲍尔默，微软的前CEO，从进微软的第一天起就和创始人比尔·盖茨在一起，成为终极合作伙伴。到2000年时他也成了CEO，但在此之前，他经营过很多部门。第2章提到的我们的老朋友汉克·格林伯格（他因为不实行多元化经营，损失了数十亿美元）是另外一个长期的合作伙伴，也是一个长期的CEO。苹果公司的蒂姆·库克在史蒂夫·乔布斯回到公司后不久就受雇成了合作伙伴，并在2011年成了公司的CEO。

但是从合作伙伴上升为CEO这条路并不容易、不平坦，也不适合所有人。想想第2章谈到的斯坦·奥尼尔长期以来都是郭铭基忠诚的、受尊敬的合作伙伴，但是成为美林公司的CEO之后却被免职。大卫·波特拉克（David Pottruck）也是查克·施瓦布（Chuck Schwab）的一位合作伙伴，但是成为CEO后很快以失

---

① 见第1章。
② 见第7章。

败告终。[6] 成为合作伙伴是通向 CEO 的一条途径！但是成为永久的合作伙伴本身就是一条合法的途径，一个不错的道路。

还有一点需要进行风险与收益权衡，那就是股东的诉讼案件[①]。CEO 们是个人及媒体的目标，你家孩子的朋友读到你的负面新闻可不是一件开心的事情。而作为一个合作伙伴，尽管你会受到影响，但不会像 CEO——公司的脸面——那样承担恶意的攻击、免职和压力。

CEO 们经常被描绘成英雄或者恶棍——就是这么赤裸裸！而且他们即使获得了巨大的成功，也会因为高薪而受到非议[②]。尽管当合作伙伴也不能使你免除这些攻击，但是靶心却不在你身上。这是最好的生活方式了。

> 合作伙伴的主要好处：你是个更小的目标。

合适的能力

一些人永远当合作伙伴，因为他们知道他们没有成为 CEO 的能力。一流的成功的 CEO 通常都是魅力型领导。并不是所有人都能鼓舞人心，也许你就不想让你的员工和股东的命运完全交付在你瘦弱的肩膀上，许多人不想这样！

篮球比赛中，传奇运动员就是有这样想法的人——在比赛的最后四秒钟，比分落后两分的情况下，他们队发球。"我希望我得到这个球！"其实许多人不想要这个球。如果得到了这个球，而又投不进获胜的三分怎么办？压力无限啊！在那时，在那里，真正希望得到这个球的人就是 CEO 类型的人。发球的人以闪电般的速度把球传给真正想要这个球的人——他就是合作伙伴。

> 虽然合作伙伴不想得最多的分，但是他们通常是球队最优秀的选手（MVP）。

未被注意

在某种程度上，成为合作伙伴更难。因为你很少得到赞扬。合作伙伴通常不上电视，也不出现在《福布斯》中（除非你是查理·芒格）。但是，合作伙伴会获得巨额回报——高薪、尊敬（至少在公司内），而不至于成为靶心。他们会有私密的家庭生活。有追求的合作伙伴经常自己决定干什么。想要搞销售吗？CEO 会认为这是扩展你能力的一段经历，对你有好处。想要在伦敦开办事处吗？你只需要告诉大人物，这事就能办成，而且你就会过上很好的生活。卖了公司呢？太棒了，但是你怎么有资格作出这样的决定呢？

---

① 见第 6 章。
② 如第 2 章的李·雷蒙德。

挑选合适的企业

找到合适的 CEO 和企业至关重要。即使合作伙伴是受雇的高级职员，但他们往往会留在一家企业很久。鲍尔默成为 CEO 之前当了 20 年的合作伙伴，芒格和巴菲特一起工作了 57 年多。

你需要与你合作的人一起工作很长时间，各方面都需要完全忠心。因而 CEO 要从外部雇用，但是合作伙伴却很少这样——除非和 CEO 一起雇用进来。但即使他们是从外部雇用进来的，像芒格和巴菲特，通常情况下也已经相识很久了。

开始你的合作

如果你还年轻，那现在就开始吧。2005 年，考克斯放弃读研究生，加入脸书，到 28 岁时已经是扎克伯格的高级顾问了。如果你已经深入你的职业，那么就不要做剧烈的变化——除非你处在一个不断萎缩或濒死的行业，那时你就要义无反顾地改变。为此，第 10 章所有关于选择职业的规则都适用。但还是要做更多的考察，以保证你正进入一个你想要坚持下来的领域。

或许不用！ 2004 年，一个叫 J.B. 斯特劳贝尔（J.B. Straubel）的年轻人，决定为一个有远见的、想要彻底改革美国汽车业的人工作。也许你已经听说过他：埃隆·马斯克。2005 年，斯特劳贝尔很快成为特斯拉的首席技术官，2014 年他赚了 1 100 多万美元。[7]

美国汽车业已经不可避免地走向衰败。自我成年后，福特汽车和通用汽车就在竭尽全力想要破产，但它们却不擅长这么做，所以拖了很长时间。通用汽车太不擅长破产了，2009 年 6 月它们就按第 11 章的程序提出了破产申请，但是直到现在仍然没有破产。我有充分的信心，它最终必将走到这一步。也许特斯拉将帮助它们加快实现这个目标，或许特斯拉也将失去成堆的钱，加入通用汽车的这条不归路。也许你会和另一位有远见的、今天还不为人所知的但将驱使他们走向破产命运的人合作。

改造垂死的企业和行业需要远见与胆量。以卡特彼勒公司（Caterpillar）为例。这家公司曾一度是工会体系内的公司，但很长时间以来，它经营得并不好。1994 年，虽然当时的 CEO 唐纳德·菲茨很有远见卓识，但为了实现理想，他必须先将公司从工会的桎梏中解放出来。因此，他做了工会体系内的 CEO 很少有勇气做的事——他挑战了工会工作并最终获胜。有人对卡特彼勒公司抗议了 18 个月，但菲茨拒绝屈服，他揭穿了工会的虚伪外表！ 30% 的员工都不干了，菲茨就雇用临时工人。甚至他的白领管理人员也提供了支援——他的律师学会了团结。从那之后，他的工会失去了权力，卡特彼勒迅猛发展起来，并一直蓬勃发展。[8] 你一定想跟这样的人合作，因为他有远见、不屈不挠、坚定，对未来充满希望。

但是你怎样找到你的合作伙伴呢？以肯·艾弗森[①]为例。他最初的两个主要合作伙伴是戴夫·艾科克（Dave Aycock，运营）和山姆·西格尔（Sam Siegel，财务），他们做得很好，相信艾弗森，并忠心耿耿地帮助他。搭艾弗森的顺风车，如何作出这样的选择，他们都告诉了我本质上相同的事情：他们根本没选——真的不是选择的问题。

精心挑选你的企业，一段时间后你就会选到。

在最后一章，我会讲起第一次遇到艾弗森时的情况，他只是使我感到吃惊，但我本不是容易打动的人。他对于艾科克和西格尔也一样，他们也不是容易打动的人。你正寻找的是一个跟你完全不同的且有远见的人，你正寻找的是一个领导人，你正寻找的是一个对他们来说是否有某种魅力、非凡领导力的人。而且你会一直寻找下去，直到你找到了这个人。这很像寻找伴侣。

领导还是新手？

你可以选择一家有着资深领导的老公司开始你的征程，或者选择一家全新的公司，去做合作伙伴，两者各有利弊。

如果选老公司，你没必要一定选择行业中排名第一的公司，因为在标准普尔 500 公司中的任何一家做高级合作伙伴都会收益颇丰。通过核实大中型上市公司网站上挂出的各种关联信息，你可以找到薪水的信息。听说过迈克尔·G.维尔（Michael G. Vale）吗？没有？在 3M 时，他是消费者业务集团的执行副总裁，2015 年赚了 410 万美元。[9] 乔恩·R.科恩（Jon R. Cohen）博士呢？你怎么会不知道乔恩呢？作为一个小微公司——奎斯特诊断公司（Quest Diagnostics）的高级副总裁，2015 年他赚了 280 万美元。[10] 你不知道这些人，我也不知道，但是一些知名公司高层的人知道他们，而且喜欢他们，你也可以这样。

你最想要的是领导人兼 CEO。只有一个人！找到你的肯·艾弗森。想多赚钱，只能搭上有远见的小企业 CEO 的便车，努力帮助企业成长为大规模企业。

但是，这样做的风险也很大。你挑的公司最终会成为谷歌吗？会成为亿贝网吗？也许你会作出错误的选择，加入了 WebVan、Petopia 或者 SweetLobster.com，认为互联网龙虾运输是将来的趋势。有时结果显而易见。TootsieRollsForEver.com 也许是一个显而易见的失败者，但是却折腾了 20 年。你如何知道哪一个搜索引擎最好？那时还没有谷歌！那时你需要严肃的 PE 式的分析方法，你必须分

选择一个资深的或者全新的企业。尽管全新的企业风险更大，但是却有更高的回报。

---

① 见第 2 章。

析企业战略和管理团队。

挑选能获胜的良马

你挑选的马很重要。有人会说:"选一个上乘血统的人。"错了!血统好也并不意味着 CEO 或合作伙伴一定会成功。史蒂夫·乔布斯是从里德学院退学的——不是前 20 的学校。我最好的朋友史蒂芬·西莱特(Stephen Sillett)是一个非常聪明的人,他对红杉做了大量开创性的研究,他也是毕业于里德学院。但是不管史蒂夫去什么地方——比如 Podunk-ville 专科学校——他都会获得巨大成功。我的观点是,无论哈佛、里德还是 Podunk-ville,也不管你是否完成学业,都没关系(比尔·盖茨可能是哈佛最著名的辍学生,紧随其后的是马克·扎克伯格),我也去过社区学院和洪堡州立大学(Humboldt State University,西莱特做研究的地方),但这没有让我停滞不前,有某种血统或缺乏某种血统不会成就你,也不会毁掉你。

因此,是什么使得伙伴们选择了乔布斯?或者盖茨?或者巴菲特?或者马斯克?是魅力和远见。他们拥有这些,而你必须能够辨别出来它是否是真的。

> 如果一匹马在同一条路没有输掉两次,那么,即使它输掉了几次比赛,也可以选择它。

许多有魅力和远见的人也会失败。这再次说明,要向一个 PE 公司的人一样思考,在第 7 章可以学习这部分内容。现在请回答以下这些问题:

■ **你潜在的良马有令人兴奋的商业远见吗?** 如果你非常信任这个人,你会把你自己的钱投入进来吗?(不是必须,而是你会吗。)

■ **你的良马能解放自己并指挥他人好好工作吗?** 这很重要。回顾第 1 章和第 2 章关于创始人和 CEO 的内容,确保你的小伙子(或姑娘)们即使不具有全部要求的品质,也要能展示大部分。

■ **你的良马以前失败过吗?** 失败也没什么!山姆·沃顿第一次尝试也失败了,但如果你的良马失败了,再尝试,再失败(但是和第一次失败不同),它就诠释了勤奋和学习曲线的含义。不要和按类似方式行事而不停失败的人合作。从失败中学习(如第 1 章的赫尔伯特·陶)可以使你的良马冲向胜利。

一旦你找到了那个能带你经历他的成功的人,那就跟着感觉走吧。你可能相信并完全欣赏这个人,也可能并不是这样。如果是,那就永远对他保持忠诚吧。这就是一个 CEO 对合作伙伴的要求,即作为交换条件,成为 CEO 不能离开的那个人。如果你不具有这种特质,不能把你将来的成功与领导人的命运紧紧绑在一起,那么你最好选择老公司,对你来说那样更有效!但是成为初级的合作伙伴肯定会为你带来更多的金钱。

成为合适的人

至此，你找到了公司和良马。然而你怎样成为能搭顺风车的人呢？怎样成为能引起有远见的人注意的人呢？怎样成为他离不开的人呢？再强调一遍，是忠诚！如今，忠诚因其更少见而变得比以往更有价值。自 20 世纪 60 年代以来，我们的社会一直在赞美告密者、激进主义者、辞职去独立闯荡的人、抗议者、极端分子、不是懦夫的人、能分辨出并打击大人物的人，有几部电影总是幻想着老板很坏、企图推翻他，如《华尔街》（*Wall Street*，1987）、《糖衣陷阱》（*The Firm*，1993）和《告密者》（*The Informant*，2009）。其目标直指 CEO，然而 CEO 尤其看重的却是忠诚。

忠诚任重道远

成功的合作伙伴应与公司同呼吸、共命运，而不只是表面上如此或者只是为了表现一下而已（这就说明，在一个能激发你兴趣的行业里，你需要一个你喜爱的公司）。你的同事应该指着你说："这个人也上了同一条船。"但他们不认为你是因为无知喝了"酷爱牌"饮料[①]。CEO 及其他高管（如果你还不是）也想要确切地知道你能否长期如此。

忠诚意味着可信赖——这是最重要的。如果早期没人相信你不会泄露正要到来的圣诞节聚会详细情况的秘密，那么后期就没有人能够相信你提供的极其保密的产品发布会的详情。要忠诚，但也要诚实地提供反馈。成功的 CEO 很少听到不同的声音，因此，包括 CEO 在内的许多超级成功的人都有点疯狂。以迈克尔·杰克逊和麦当娜为例——长期以来，没人告诉他们："你看，我想你们做的事不怎么样。"很长时间，这两位明星也成为了坏明星的代名词。对 CEO 也一样，他们整天被一群诚惶诚恐、唯唯诺诺的人包围着。你要忠诚，但是仍必须足够勇敢地说"不"。

鲍尔默对比尔·盖茨来说那么珍贵，其中重要的一点就是，当盖茨做错了的时候，鲍尔默能有礼貌地告诉他，而同时仍然并看起来永远忠诚于盖茨。

> 要忠诚，但也要诚实地提供反馈。不要害怕说："那是个很差的主意。"

在伯克希尔，芒格号称"可恶的反对者"（The Abominable No-Man）。[11] 不要为了反驳他而只说不！而应该是说不，并带来新的视角。如果你是忠诚的、值得信赖的，而且还有独特视角的话，那么 CEO

[①] Kool-Aid，译者注：这是一种需要冲泡的粉状脱水饮料，是黑人贫民区居民常见的廉价饮料。

会倾听你的话并喜欢上你。你在内心一定要真正相信，你的公司是正确的、公正的、神圣的；否则，你就不能成为一个很好的合作伙伴。你一定要相信你的公司正使世界变得更美好，而你正使你的CEO更好地行使职能，任何缺点都能克服——没有强大的障碍，如果公司不完美，那么其优点也会压倒其缺点，这些缺点也能改正。

合作伙伴不能发牢骚或抱怨，你能做的就是提出策略，改正让你感到厌烦的事情。合作伙伴不能充满怨恨——他们是理性的，但又是热情的公司啦啦队队长。如果你认为你对你的CEO和公司没有那种感觉，但还想走这条致富路，那么是时候找另一家公司或良马了。如果你爱挖苦人，那么就选择一条不同的致富之路吧。

具备灵活性

如果你是一个只想写代码的工程师，那么你很难搭便车。CEO的搭档必须懂得或能够学会销售、市场营销、品牌推广、生产、供应链管理等凡是你能想到的技能。杰克·韦尔奇的确让人们能够广泛模仿这种管理风格。他的经理们先经营一家分支机构，然后轮换到其他地方。他有一群资深的下属，他们从来没有轮换过，只在他们自己的领域有很深奥的、无人匹敌的知识。他还有一些知识广泛的下属，他正朝着这方向培养他们。从本质上来说，他正在创造一支合作伙伴的队伍以及一群潜在的未来CEO——不仅仅是为了他的公司，也是为了任何一家重要的美国公司。哪个公司不需要由杰克·韦尔奇的合作伙伴来领导呢？

会做……不是能做

这又提出了另一个非常重要的问题。我想让人们保持会做的态度。注意：我说的是会做，不是能做。二者不同。能做意味着才能和能力，其在某些地方行得通，但在我这和通用电气公司却都行不通。杰克·韦尔奇说："鲍勃，喜欢你在微波炉和家用电器方面的工作吧，这是荣耀！但是我真的需要你做与水有关的工作，尤其是新兴市场净化水厂的工作。你将被派往吉布提市，好吗？"此时，鲍勃没有回答："好的，杰克，我能做。"因为鲍勃对水净化一窍不通，靠双手和军用的GPS定位也找不到吉布提市。但是鲍勃却高兴地说："太棒了，杰克，好的，我会做的。"

能做体现在你的个人简历上，会做意味着你渴望离开——离开眼前的安逸。行动起来，你会完成这项任务。你会做对公司来说重要的事情，不管是什么。你会带着相关技能和才能，继续快速地从错误中学习。你会雇用一些人，他们可能比你更聪明，知道得也比你多，并且能使吉布提市的项目获得成功。这一切与你无关，与公司和 CEO 的成功有关，而他的成功也就是你的成功。这一切与你有一些关系，因为你就要坐上过山车，如果你能幸存，你将过得更好，并为下一次会做的任务做准备，但是从本质上来说，这一切是指你会为公司和 CEO 做点什么，而不是你知道你能做什么。这二者区别巨大。

> 拥有一个会做的态度，而不是一个能做的态度。

在我的公司中

我公司有 25 个以上的员工已经成了百万富翁，其中有几人 40 岁前就已退休，而且再也没有工作过。有些人要富有得多，他们中就要数杰夫·西尔克了，他是一个典型的合作伙伴。

杰夫比我小 15 岁，他是通过迈克·布鲁森（Mike Brusin）认识我的，后者是我的一个教授和终生的朋友，他后来也成了杰夫的教授。早年间，杰夫几乎不能每天把袜子配好对，但是他从来没有停止过自我完善、不断向前、努力奋斗，同时还显示出忠诚。每天早上他都在门口自我审视一番。他做了所有事：初级研究、计算机硬件、贸易、管理交易、管理服务、经营分支机构、总裁以及首席运营官。现在他是副主席和共同首席投资官，在公司里，他可以做他想做的任何事。他从来没有比现在更努力地工作，也从来没有比现在更快乐，但是如果我有请求，他仍会去做任何事情。

我从不用担心杰夫，只要我请求他做事，事情都会完成。我也从来没有感到他对我相对更多的财富和声名有任何嫉妒。杰夫到这儿来已经 30 多年了，现在身价 1.5 亿多美元，除了少数几个最著名的演艺人员外，他比其他人更富有。他有个挚爱的妻子（他少年时的爱人）、三个很棒的孩子、一个引人注意的家庭——CEO 很少拥有良好的、平衡的家庭生活。他生活在美国梦中，他对自己的生活感觉很好。即使他很坚强，可在 25 周年晚会上，他仍然眼含热泪。你应该从现在起去寻找那个 25 年后也会让你眼含热泪的地方。

好的合作伙伴活着就是为了会做，他们不会抱怨在吉布提购物，他们会说："完成了。"他们自愿承担最令人厌烦的、最乏味的工作，而且从不抱怨说现在已经是下午 5 点多了。你可能认为这损害了你的立场，但是相信我，当你高兴地承担了这些令人讨厌的工作时，那些你愿意搭他便车的人就会留意到你。这就是人的忠诚，愿意承担超越正常工作的职责，做对公司和 CEO 来说最好的事情。

至死不渝

成为一个好的合作伙伴真的像成为一个好的伴侣。一个好的伴侣或合作伙伴会做正确的事情，并且忠诚。她知道她的配偶什么时候会是一个白痴，而且她也不害怕告诉他这一点。他或她拥有一个会做的态度，例如，"哦，亲爱的，我会清洗干净排水沟"；"我会去看瑞安·雷诺兹（Ryan Reynolds）的电影"。一个好的合作伙伴或伴侣能够在看清对方所有的缺点之后仍然爱着对方。拥有一个好的合作伙伴，就像步入了婚姻殿堂——只有这样的关系才能更持久，并令人愿意为之付出更多。

写给合作伙伴的书

以上我只是给出了基本原则。要研究这条致富之路并为其做好准备，你还需要做更多的事情。如果你要规划你的合作路线，下面的书籍可以给你提供一些指导。

1. 吉姆·柯林斯（Jim Collins）的《从优秀到卓越》（*Good to Great*）。你需要明白的是，一家优秀的公司与一家卓越的公司有什么不同。如果你能在一家卓越的公司搭上便车那更好，柯林斯告诉你如何寻找一家更有可能变得卓越的公司。

2. 帕特里克·M. 兰西奥尼的《团队的五大障碍》（*The Five Dysfunctions of a Team*）。你正在搭便车的管理团队能成功吗？他们是马戏团小丑吗？读一读这本书，可以避免成为马戏团小丑，而且能弄明白如何找到并加入一个正确的团队。

3. 马歇尔·戈德史密斯（Marshall Goldsmith）的《今天不必以往》（*What Got You Here Won't Get You There*）。必读书目！经过一段时间如何发展成为一个永久有价值的（及高薪的）合作伙伴，对这个问题本书做了详细的描述。而且如果你想通过合作伙伴晋升到 CEO，那么这本书对你也有帮助。

4. 戴尔·卡耐基（Dale Carnegie）的《如何赢取友谊与影响他人》（*How to Win Friends & Influence People*）。我也向销售人员推荐这本书，但它更是合作伙伴的必读书目。这实在是一本最好的指南，帮助你学会如何积极地表达自己的主张、提出正确的问题、磋商，为你的老板、客户和雇员带去比他们想要的更多的东西。

 搭便车指南

你正在搭便车，这并不能说明你只是想依靠别人或者是借别人的光。好的（如富有的）合作伙伴凭借他们自身的实力，也会颇有建树。就像成为 CEO 一样，这也需要时间、韧性、决心以及良好的自我执行力。合作伙伴经常做一些脏累的活，但是又不能得到 CEO 那样的嘉奖。不要发愁，好好地搭便车，你得到的将不只是报酬。搭便车请遵循下面这些步骤：

1. **挑选合适的良马搭乘**。比合适的领域或企业更重要的是找到合适的人来搭顺风车，正如婚姻一样！要保证你的良马有远见与能力，你能相信他或她并与其度过成年之后的大部分时光。

2. **挑选合适的企业**。比起其他任何路径，选择合适的行业、领域以及企业在此显得至关重要，因为合作伙伴是长期的。你可能会被带到一个新的企业，但是你仍然可能在同一个领域。做你的研究，坚守在你选择的地方吧。

3. **选择已建立的企业还是全新的企业**。你不一定通过初创企业寻求合作伙伴，像雅虎的斯克尔、特斯拉的斯特劳贝尔或者微软的鲍尔莫一样——尽管他们能赚大钱。如果你害怕创立新企业的额外风险，你可以在一个已经建立起来的企业中搭个便车，即便不能赚数十亿元，也可能赚到数百万元。

4. **忠诚**。忠诚和可信赖性最重要，但也要学会如何说不，什么时候说不。合作伙伴因忠诚、能力，外加诚实的反馈和批判性而被选中。要成为一个通情达理和理性的啦啦队队长。

5. **拥有会做的态度**。超越能做，伸展你自己。做对公司有利的事情，自愿！许多其他人都做他们认为他们的能力允许的事情，而你不能只做这些。

名利双收 │

第 4 章

追求名誉和财富？不在乎放弃隐私？尝试名利双收的路吧。

名利双收是一个流行的梦想，但大部分的富人都不出名。他们拥有房车、停车场或小企业，是会计师或医生，但他们的生活方式并不梦幻。而我们想象中的豪华大轿车、超级碗的戒指、奥斯卡奖、拥有球队或拍电影则属于另一群人。他们走过的那条路上充满着小学生的职业抱负——棒球运动员、演员、奥普拉（Oprah）①、老虎·伍兹。虽然现实中我们长大成人后，对大部分人来说这条路是封死的，但是这条路上的财富却是可以规划出来的。这条路需要你从年轻时就开始走，需要孩子们的明星梦。请注意：虽然这条路上的财富是合法的，但这是一项艰苦的工作，而且成功的概率极小。

这条路有两个分支。一个是天才——像勒布朗·詹姆斯（LeBron James）、碧昂斯（Beyoncé）和詹妮弗·劳伦斯（Jennifer Lawrence）。另一个是媒体大亨——像泰德·特纳（Ted Turner）、鲁伯特·默多克。媒体大亨这条路更容易实现，因为你不需要投出一个完美的螺旋球或长得像查理兹·塞隆（Charlize Theron）。你所需要的就是任何成功商人都需要的——不屈不挠、聪明才智和运气。

偶尔，这两条路会有重合——天才成了大亨或相反，虽然这种情况很少见。奥普拉（净资产 28 亿美元）[1] 是最富有的天才兼传媒大亨。她新闻广播员的职业天赋让她开创的脱口秀节目取得了成功，她也因此成了传媒大亨。在这个过程中，她又成了影星②，并成了百老汇制片人③。这种组合非常少见。玛莎·斯图尔特（Martha Stewart，净资产 2.2 亿美元）[2] 在她所处的大人物的世界中也是一个天才。天才兼大亨一般比纯天才更有钱。不要忘了那对娇小可爱的双胞胎——玛丽—凯特·奥尔森和阿什莉·奥尔森（Mary-Kate Olsen，Ashley

---

① 译者注：美国女脱口秀主持人。
② 最著名的是电影《紫色姐妹花》（*The Color Purple*），作为一个天才的身份参与其中。
③ 也是电影《紫色姐妹花》，这次是以一名传媒大亨的身份参与其中。

Olsen），我这个老古董分不清她们谁是谁，但她们的制作公司和服装生产线让她们成为天才兼电影大亨——每人身价 1.5 亿美元。[3]

另一个最近的天才兼大亨是流行文化中的杰出人才马克·库班（Mark Cuban，净资产 32 亿美元），但他是从大亨开始做起的。[4] 他品质优秀，除此之外还很强韧，一点也不在乎他的批评者说了什么，甚至怀着一种极其出色的幽默感去看待这些批评。从这个意义上来说，他是个教科书级别的创始人兼 CEO[①]。这个前酒保像一个网络公司牛仔一样开始积累自己的财富，1995 年，他和大学的朋友创建了 Broadcast.com，这是一个网络电台。就在 2000 年互联网泡沫破灭之前，他适时地把公司出售给了雅虎，换到了价值 57 亿美元的股票。

他不仅及时地出售了公司，而且也逃脱了雅虎在科技股崩盘中的失败。他以巨额资金从罗斯·派洛特（Ross Perot）手中置换了达拉斯小牛队，从那时开始到现在，他不断地骚扰 NBA 官员。早在 2006 年中期，马克就已经因其在场边的滑稽举动和急脾气被 NBA 官方罚款 160 多万美元。[5] 因为口不择言，声称联盟像奶品皇后（Dairy Queen）一样管理不善，最后他不得不在得克萨斯州科佩尔市的一家奶品皇后门店里干了一天活来赔罪：带上纸帽子，向奶品皇后的顾客出售冰淇淋。[6]

2000 年，他与别人共同创立了 2929 娱乐公司（2929 Entertainment），这是家媒体控股的公司，他也是 AXS，一个高清有线电视台的主席。2007 年，他加入了一档真人秀节目《与星共舞》（Dancing with the Stars）的剧组，为了每周的舞蹈对决，他要把运动员或真人秀小明星和舞厅舞者配对。这让他和其他出现在节目上的名人一样有资格被称为天才（虽然他是个小小的作弊的人，但毕竟曾经他以迪斯科教练的身份谋生）。[7] 现在他在一档风险投资真人秀《鲨鱼坦克》（Shark Tank）上担任主角，在这档真人秀上，创立公司的新手会向他或其他"明星"投资人推销他们的点子。Youtube 上充斥着这档节目的搞笑剪辑。

我的编辑担心我在描述库班的时候语气听起来太过卑鄙——尤其是我最后几句话让他听起来不像是一个优秀的天才。就是这样。我的确没对他说过任何赞美的话，但我也没有为了让库班高兴说出任何足够恶毒的话。事实上，为了让他足够开心，我必须使劲批评他才行，而我很喜欢他。好啦，马克，这句话是单为你写的：你是一个肮脏的恶棍，吧啦吧啦吧啦。感觉好点了吗？而对于其他的读者，我的观点是，如果你已经像个大亨一样赚了大钱并且也想尝尝出名的滋味，那你可以由利得名最终成为一个名人，就像马克·库班一样。

---

① 参见第 1 章。

达人秀

你如何能成为摇滚明星、橄榄球职业运动员或詹妮弗·劳伦斯？你必须从小开始踏上这条路。如果过了 15 岁才开始打橄榄球，对不起，你永远也不可能成为职业运动员。对于表演来说，你可以更晚一点开始，比如，18 岁，然而很多人从更小的年纪就开始了事业。走任何路都需要勤勉和坚持不懈。想象一位50 多岁、有钱的、成功的 CEO，他可能从大学毕业时起就已经在这个岗位上，到现在大概已经 30 年了！而一个 35 岁的职业运动员可能也在他的岗位上待了同样长的时间。最著名的例子是老虎·伍兹（Tiger Woods），他从两岁就开始打高尔夫球了。[8] 虽然当时他的父亲可能比两岁的老虎·伍兹更享受这个，但为了在 22 岁赢得大师赛，从两岁开始似乎是一件正确的事。就像迈克尔·乔丹说的那样："成为职业运动员就是在你不想练习的时候继续练习。"

开始吧

作为一个天才，发财需要年轻或年轻时的决定。一个 35 岁的有野心的新手不会在好莱坞出名，不会成为高尔夫或橄榄球运动员，他会一事无成——不论从事什么结果都一样。但这不意味着年长者一定不是天才。凯瑟琳·赫本（Katharine Hepburn）87 岁的时候依旧担任主角，但她也是在年轻的时候开始自己的事业的。奇迹会发生吗？偶尔会的，但几乎不会。格伦·克洛斯（Glenn Close）35 岁才得到了她的第一个电影角色，灵魂歌后沙龙·琼斯（Sharon Jones）40 岁才开始唱歌事业并以 54 岁的"低龄"在音乐榜单上抢到席位。关键是什么？回忆一下我说过的"上路条件"。绝大多数名人从很小的时候就开始了自己的事业。如果你不再年轻也没开始自己的事业，这本书对你来说一定会物有所值，因为现在就是停止浪费时间思考这条路的时候了，你需要寻找另一条道路。

如果你很年轻并且有决心和毅力，那么现在该做什么呢？练习。一整天，每一天。成功的明星虽然从年轻时就开始了他们的事业，但他们也极端专心。小甜甜布兰妮和贾斯汀·汀布莱克（Justin Timberlake）孩童时期可能比你见过的任何人都要努力。专业运动员一般都有一个苦行僧式的童年，黎明前就起床，上课前、课间、放学后都刻苦练习，所以从现在起开始早上五点锻炼心肺功能吧。

想成为一个摇滚明星？参加教堂的唱诗班，周末在敬老院为老人弹吉他，在县里的集市上演奏。不要拒绝任何一场演奏会，不管那是多么的令人难堪。你看过《好声音》（The Voice）吗？里面的每个选手基本上都从九岁开始就在人前演唱了。

如果你想表演，那就去做吧。在当地的社区大学上几门课，大城市里有很多选择，这些课程只是练习的另一种替代品。如果你想自学，读一读乌塔·哈根（Uta Hagen）的《尊重表演》（*Respect for Acting*）和康斯坦丁·斯坦尼斯拉夫斯基（Konstantin Stanislavsky）的《演员的自我修养》（*An Actor Prepares*）——这些都是关于体验表演方法的书。当然你最好找一个当地的戏院，参与到即兴表演课或夏季轮演剧场中去。

推销你自己

为了成功，你必须推销你自己，要不然你就会错过现场演出。如果你做到了，就会有一个经纪人去推销你（娱乐行业和体育行业中工会极为重要，你必须按工会规矩办事）。但你如何能达到你经纪人要求的程度呢？《后台》（*Back Stage*）杂志列出了所有大城市的选秀试镜，包括电视、电影、旁白、广播，凡是你能想到的都有。这本杂志上甚至还有专门提供给像你一样的业余演员的演出信息！你可以在 Backstage.com 上线上搜索并投递你的简历（其实也没什么可写的）。你需要一张大头照（8 英寸 × 10 英寸的黑白照片——找一个专业人士或一个很擅长的朋友去做这件事）和一个电话号码。演出信息会告诉你试镜所需的东西—— 一段准备好的独白、一种口音、百老汇中的一段旋律的八个小节。有了《后台》杂志、一摞大头照和一些邮费，你就准备好了，能否得到工作便取决于你了。这就是推销。

而后，你需要一个经纪人。他们会替你找到更引人注目的工作，也会分走你的一些利益。经纪人名单也列在《后台》杂志上。注意：永远不要为试镜付钱，也不要找一个只会盯着你的经纪人。真正的经纪人不会在你收到钱之前向你要钱。如果他们提前向你要钱，那就是一个骗局。遇到这样的事就赶紧离开。假如有一天，当你变得像布拉德·皮特（Brad Pitt）一样，你也会变得挑剔。但一开始，如果有人以每小时七美元的价格让你穿着小鸡服装跳舞，那就去跳吧。如果你想要有关入门的更多信息，总的来说，《后台》是个很好的资料来源。（先看"避免上当"这一部分。）你也要读一读拉里·加里森（Larry Garrison）和华莱士·王（Wallace Wang）的《进军表演行业的傻瓜》（*Breaking Into Acting for Dummies*）一书，本书包括了表演行业中的各个方面，从制作简历，找各式各样的工作，到如何处理工会。

最终，你必须加入工会。如果不加入工会，你不会得到工作；但如果你加入工会的话，又会被严苛的工会规定所限制。还记得 2008 年好莱坞编剧大罢工吗？很多编剧可能根本不想要无薪酬的四个月假期，但如果工会罢工，他们也必须得休假。

摇滚起来

同样的规则也适用于那些想成为摇滚明星的人：推销你自己并接受一切你能做的工作。走进任意一家酒吧并提供演奏——免费提供！（一旦有了一批追随者，你就可以开始要钱了）制作一些广告材料——图片、评论（你可以让你妈妈写这些评论——但如果你已经过了能让你妈妈写评论的年纪，那你就已经太老了）、剪报和一张 CD。在尽可能多的场馆演出，尽可能多地结识演出经纪人。这是个数量游戏！你接触的人越多，成功的概率就越大。

过去的年代，到处都是录音室专辑。现在可不是这样了！如果有一个不错的笔记本电脑，基本上任何人都能制作一张 CD，任何人都能在 iTunes 上购买单曲。你甚至可以制作一段 YouTube 视频，就像贾斯汀·比伯（Justin Bieber）一样。但如果你想做一番大事业，那么你要么成为一名词曲作家①，要么去巡演。即便是那些大人物，像麦当娜、U2 乐队、说唱歌手 Jay-Z（之后我们会详细地介绍他），也放弃了传统唱片公司，而与 Live Nation 签下了超大的合同——给麦当娜 1.2 亿美元，给 Jay-Z 1.5 亿美元。⁹Live Nation 是广播集团 Clear Channel 的衍生公司，拥有并管理着国际上上百个音乐演出场所。

在你能谈下 1.5 亿美元合同之前，必须在这条路上走很久。那么第一步你怎样才能找到演出经纪人呢？和演员一样！再一次提醒你，不要提前支付给他们工资。接下来就是推销你自己！演出经纪人要么被列在黄页，要么就在你当地的工会里。给他们寄过去你的广告资料并邀请他们去听你的现场演出。下面这些书是你需要阅读的：唐纳德·S. 帕斯曼（Donald S. Passman）所著的《关于音乐业务你所需要知道的一切》（*All You Need to Know About the Music Business*）可以为你解释如何找经纪人以及如何谈合同。如果你想看透整个行业，读一读雅各布·斯利克特（Jacob Slichter）的《所以你想成为摇滚明星》（*So You Wanna Be a Rock & Roll Star*）或詹妮弗·特莱宁（Jennifer Trynin）的《我吹嘘要成为的一切》（*Everything I'm Cracked Up to Be*）。读过这些书之后，你可能就不会想读其他同类的书了。

运动生涯

运动员的道路更加明确。高中的运动明星，会被特招进入大学，而且在大

---

① 参见第 8 章。

学中也会出类拔萃，继而又会被职业队伍招揽进去。如果你在高中时并没有成为一个运动明星，那么换一条路吧。很少有人能在高中毕业就直接进入顶级职业联赛，但也有些人做到了，像科比·布莱恩特（Kobe Bryant）和勒布朗·詹姆斯，但不要轻易尝试这样做。因为如果你受了重伤，不得不终止你的职业生涯，那么读过大学的话你至少还有一个大学学位。网球冠军一般不会上大学。很多棒球运动员也是直接从高中升入小联盟，但只有少部分球员可以进入大赛。奥林匹克体操运动员的职业生涯一般在 19 岁就终止了，这也给了他们之后去上大学的时间，但他们一般都不会名利双收。老虎·伍兹也上了大学！的确，不过他退学了（像史蒂夫·乔布斯和比尔·盖茨一样），但斯坦福大学至少曾经录取过他。

职业运动员也需要经纪人。IMG 可能是最广为人知的体育中介，他们管理着许多大牌明星。如果你想要找其他的中介，那么可以查一下运动员经纪人电话簿（www.prosportsgroup.com）。再一次提醒你，不要提前付工资！只有你收到钱，他们才能收到钱——永远是这样。你的经纪人可以帮你谈到更好的合同，也能帮你拉到赞助并争取到早餐麦片盒子上的代言照片。这才是大笔财富的所在地。所以，为了成为职业运动员，你需要：（1）练习；（2）高中顺利毕业；（3）被招进大学；（4）找一个经纪人；（5）成为耐克的代言人。就这样简单，现在去做更多的心肺功能锻炼吧。

陷阱在前，无人能见

天才之路光鲜亮丽，但并不可靠。执着与经济上的成功也并不高度相关。不论你是多么有天赋的演员，你被雇用表演的概率都很低，这一数据十分可怕。根据劳工统计局的统计，任何一年中大约只有 70 000 份表演工作，不是 70 000 个演员，而是 70 000 份工作，其中就包括穿着小鸡服装跳舞的。而我们无法得知有多少想成为演员的人在等待着工作机会。荧幕演员指导和美国电视广播艺术家联合会（SAG-AFTRA，电视电影演员工会）大约有 16 万名会员，但即便 SAG-AFTRA 也只承认大约有 50 个演员的片酬可达到每部片子 100 万美元。只有一小部分精英可以挣更多钱。根据劳工统计局的数据来看，剩下的人中位数工资为每小时 18.80 美元——这还是在他们有工作的时候才能达到的数字[10]（想想戴尔电脑的广告，一个头发蓬松的小孩大喊："兄弟，你得到了戴尔电脑！"他在三年间拍了无数戴尔公司的广告——很可能也挣了不少钱。后来他吸毒被抓，找不到工作，最后沦为在曼哈顿一家受欢迎的墨西哥饭店的一家酒吧里打工。[11] 很多年以后他回到了娱乐业，但的确耽误了太久）。

如果想在这条路上挣大钱，你必须推销你自己。

假设每有一份表演工作都有 100 个未得到工作的演员（可能还需低估），这意味着虽然税单上不这么写，但大概有 150 万人都声称自己是"演员"（大多数这样的人还没挣到足够的钱支付收入所得税）。如果有 150 万个像你这样的人和 50 个大牌明星，你就会有大约 0.003% 的概率成为大牌明星。你可能会勉强维持生活，如果按照中位数时薪来看，你的年薪可能只会达到 2.5 万美元，这也是唯一一个你与詹妮弗·劳伦斯不同的地方。

音乐家们也面对着相同的令人气馁的概率。我们不知道有多少失业的音乐家，但我们知道很少有人能成为滚石乐队的成员。还有运动员！棒球运动员的成功概率最高。如果你在高中校队打比赛，全国大学体育协会说你有 0.45% 的概率能进大联盟。[12] 这已经很厉害了！大联盟中棒球运动员的最低工资是 50 万美元。[13] 这并不差，但你也不会因此而变得特别有钱，因为你的职业生涯不会持续特别久。如果你打不中对手的快速球，尝试下冰球吧——你能成为职业运动员的概率是 0.32%，但是最高工资不会那么高。橄榄球运动员的工资会更高但成功率更低，你只有 0.08% 的概率能成为职业运动员。篮球？只有 0.03% 的概率。女性的概率更低。高中校队的女性篮球运动员只有 0.02% 的概率能成为职业运动员，[14] 因为联盟中队伍数量更少。这是个不公平的世界，但就算这样，从整体来看这些概率仍超过了成为詹妮弗·劳伦斯的概率。

从小就开始走这条路吧，坚持下去，但一定确保你有符合市场的其他技能。

你可能说："詹妮弗·劳伦斯的片酬能达到 2 600 万美元！"有了这个，你也许认为就不需要终身的职业生涯了。一部 2 600 万美元的电影——给你的经纪人、会计师、训练员、厨师、卡巴拉教练和瑜伽教练付工资后，拿走剩下的 1 000 万美元，然后退休。好啊，但为了去挣 2 600 万美元，你还是需要去成为詹妮弗·劳伦斯，而这需要从小开始或者与恶魔进行浮士德式的交易。这也引出了所有致富路的另一个特点！那些片酬能达到 2 600 万美元的人是不会对只拍一部片子就退休这件事感兴趣的，他们不会放弃，他们是顽强的，是奋发努力的，你也必须这样。我不是在劝阻你，只是在提醒你。在天才之路上，你可能需要培养另一种实用的技能，这样的话，当你转换到另一条更可靠的道路时就不会那么痛苦。

◤ 当你不能肯定的时候，创业吧！

就像我在第 1 章说过的那样，每个人都能创业。如果你已经尝试过第四条路，并因一无所获而感到身心俱疲，那么试试第一条路吧！

一个有创业精神的演员就这样做过，他叫查克·麦卡锡（Chuck McCarthy）。他年龄不明，从亚特兰大移民到了洛杉矶。查克出演过的角色包括《美女经过》（*Hot Girl Walks By*）节目中的一个"业务僵尸"和短片《琼的假日》（*Joan's Day Out*）中的"保龄球馆保镖"。但查克可不满足于在《杀人骑手》（*Homicidal Biker*）剧组的试镜中闲逛，他想要更多的现金！所以他成了洛杉矶第一个"遛人者"。对，你没读错，有些人靠遛狗维持生计，查克·麦卡锡遛人，每英里 7 美元。

听起来很蠢？但任何事物都有它的市场。就像麦卡锡告诉《卫报》[①]的那样："我越思考这件事，越觉得它看起来不那么疯狂……上一星期我每天都在走路，而我也在获得老客户，这也是你想要的。"结果发现，很多洛杉矶人想要有一个人陪着走路聊天，但他们却无法与家人或朋友同步时间表。需求瞬间点醒了他，所以他招募了更多人。纽约和以色列随即也出现了模仿企业。现在他正在发展正式的企业模式并准备去众筹。他可能会大获成功，成为悠闲散步这一行业中的"优步"。

不是那么有钱或出名

即便是对那些大牌来说，这条路与最富有的那条路也还差得远着呢。《福布斯》400 强的成员中，没有一个是纯天才。奥普拉（Oprah）更像是一个大亨。收入最高的纯天才是泰勒·斯威夫特（Taylor Swift）——据报道，她在 2016 年挣了 1.7 亿美元。[15] 泰勒拥有大亨的潜质，某天应该会跻身于《福布斯》400 强。但是再来看看麦当娜。她在 2016 年就挣了 7 650 万美元，而且这数十年间挣了许多钱，但她的净资产只有 5.6 亿美元。[16] 按照她超长的职业生涯来看，她很落后了。她以巨星的身份红了 30 多年，如果她每年只存 1 000 万美元并有智慧地进行投资，她现在**至少会**有 10 亿美元。人造钻石包裹的紧身胸衣才能花多少钱？

只有极少数演员能积累巨额的财富。据报道，马特·达蒙（Matt Damon）2016 年挣了 5 500 万美元，以 1 200 万美元的差距打败了他的好友本·阿弗莱克（Ben Affleck），本的收入曾经很稳定；斜杠青年詹妮弗·洛佩兹（Jennifer Lopez）2016 年挣了 3 950 万美元。[17] 这些人都很大牌，但如果麦当娜无法进入最富有的阶层，他们也不行。

一条短期的、不稳定的、没有隐私的道路

天才的生活也一样变幻无常，这是条很容易陨落的道路。你的最高水平也

---

① 罗里·卡罗尔（Rory Carroll）."我们需要人与人之间的互动"：认识一下洛杉矶以遛人维生的人 [N]. 卫报，2016-09-14.

只是你的最近一部电影、最近一支热门歌曲或最近一次全垒打——而且你的生活方式也趋于自我毁灭。我不需要去唠叨这些，这在新闻上显而易见。来自于同辈的压力、毒品、离婚，这些都为自我毁灭提供了燃料，却无法对财富积累提供任何帮助。还有一点——你没有隐私。明星们出现在公共场所不可能不吸引成群的民众，这也为他们带来了身体上的危险。不相信吗？我的一个朋友曾在凌晨三点与乌比·戈德堡（Whoopi Goldberg）一起去了当地的一家 7-11。最后他们不得不从狗仔队的魔掌中逃跑，而乌比还是那种不经常在八卦小报上露面的人。

即使你自己不去寻求自我毁灭，你的盟友也可能会替你完成这个过程。拳击手迈克·泰森（Mike Tyson）起诉了他的经纪人唐·金（Don King），因唐·金对他的资产管理不善，最终泰森赢得了 1 400 万美元的补偿金。[18] 对于泰森来说，虽然金先生可能不是最智慧的资产管理者，但泰森自己的生活方式也是出了名的奢侈——用两只拳套挥洒金钱。童星极其脆弱，因为他们需要细心的父母和道德加以管理。加里·科尔曼（Gary Coleman）［出演过 20 世纪 80 年代的情景喜剧《细路仔》（Diff'erent Strokes）］作为童星至少挣了 800 万美元，他的父母把大部分收入以管理费的名义付给了他们自己。[19] 他后来起诉了他们并获得了胜诉，但他得到的补偿金并没有让他免于破产，而更悲哀的是他英年早逝。科里·费尔德曼（Corey Feldman）（20 世纪 80 年代出演了一系列热门电影，包括《伴我同行》（Stand by Me））也成了牺牲品——他的亲属只给了他 4 万美元。[20] 另外，曾经的超级天才一般不会在顶峰坚持太久。麦考利·卡尔金（Macaulay Culkin）现在在哪里？这条路你必须很早就开始走，你必须早早成为明星，之后还要保持稳定。

为了维持名利双收的地位，不要做愚蠢的/自我毁灭的事情。

好莱坞需要年轻和美丽，职业联赛需要你有健康的关节，即便是音乐行业也并不中意老年人。斯普林斯汀（Springsteen）、U2 和麦当娜还在继续发布热门歌曲并在世界巡演。Fleetwood Mac，虽然其所有成员都已经过了退休的年纪，但 2015 年他们依然靠巡演挣了 7 500 万美元。[21] 他们都是大牌明星，但也就是这样了。老演员虽然很少，但与电台上那些数不清的纨绔子弟相比，他们很引人注目。铃木一朗（Ichiro Suzuki）是棒球界的超级明星、知名前辈，但他的职业生涯也已经步入黄昏。职业运动员中很少有人四十多岁依然处于巅峰。在这一点上，男演员比女演员有优势。哈里森·福特（Harrison Ford）、连姆·尼森（Liam Neeson）和丹泽尔·华盛顿（Denzel Washington）至今仍被认为性感不减，但年长的女演员可没这待遇！对尼森先生来说，即便海伦·米伦爵士（Dame Helen Mirren）

的年龄更合适，在演戏时她也不太可能被安排成他的浪漫对象。米歇尔·菲佛（MIchelle Pfeiffer）也遇到了相同的情况。虽然走在路上她的回头率也挺高，但她现在能接到的角色也只有家族里的女族长了，而不再是有可能产生恋情的角色。女主角的生涯，像运动员一样，在四十多岁就会结束。这本书的第一版详细介绍了卡梅隆·迪亚兹（Camreon Diaz）。你上次见她主演一部大电影是什么时候？所以，从前的明星，像凯特·哈德森（Kate Hudson）、莎拉·米歇尔·盖拉（Sarah Michelle Gellar）和杰西卡·阿尔芭（Jessica Alba）三十多岁开始创业并不是一个意外——比起银幕上的生活，第一条路会让她们更富有，更容易维持生活。能看明白这一点，说明这些女士足够聪明了。

在这条远远低于最富阶层的路上，面对着低到可笑的成功率，以及很多自我毁灭的岔路（你的所谓同盟也可能毁灭你），你确定你想在这条路上走下去吗？如果你想的话，除了你，没有人会阻止你。

> 如果你在理财方面无法作出有智慧的决定，就雇用那些有能力的人吧。

巨头之路

成为媒体大亨是一条更可靠的通往财富和名誉的道路。大亨横跨了媒体业和娱乐业，他们拥有录音室、有线电视公司、互联网、唱片公司、杂志，可能还有球队。大亨甚至会去制作电影或音乐。与天才们相反，大亨更加有钱。《福布斯》400 强上到处都是大亨：

■迈克尔·布隆伯格，布隆伯格新闻公司的创始人，前纽约市市长，净资产 450 亿美元。

■查尔斯·埃尔根（Charles Ergen），艾科斯达公司（EchoStar）的创始人，净资产 147 亿美元。

■鲁伯特·默多克，新闻集团（News Corp）的董事长，净资产 111 亿美元。

■大卫·格芬（David Geffen），创建了格芬唱片公司（Geffen records），与他人共同创建了梦工厂（DreamWorks），从大学退学，当过传达室员工，克林顿家过去的朋友，净资产 67 亿美元。

■萨姆纳·雷德斯通（Sumner Redstone），控制着维亚康姆公司（Viacom）和哥伦比亚广播公司（CBS）的主要股权；他大骂了汤姆·克鲁斯（Tom Cruise）一通（不过克鲁斯可能也该被骂），净资产 47 亿美元。[22]

名单还在继续——从乔治·卢卡斯（George Lucas）（净资产 46 亿美元）、史蒂文·斯皮尔伯格（Steven Spielberg）（净资产 37 亿美元）到之后的其他人。你知道我的观点了。在富人中的富人里，没有一个是纯天才，但却有很多大亨，有更多的钱和更持久的生涯！默多克已经 85 岁了，格芬也已经 73 岁了，但他们依然充满活力。这需要毅力、决心和商业头脑，但并不需要詹妮弗·劳伦斯那样的相貌或那样年轻。

虽然我列出的是大人物中的大人物，但很显然，社会上还存在着无数个小型巨头。看看我的朋友吉姆·克拉默（Jim Cramer）（净资产估值在 5 000 万美元到 1 亿美元之间）[23]，他的成功在于充分利用了 OPM[①]，他利用 OPM 建立了 The Street.com，之后他通过成为巨头而成为了明星。我们无法逃脱吉姆的魔掌——他出现在电视中，出现在书中，出现在任何地方。他高能量的、博采众长的电视节目让他成了真正的天才，但他却不是始自于那里。在 The Street.com 之前，在他做对冲基金之前，在他进入高盛公司之前，在他从哈佛法律系毕业之前，他只是在加利福尼亚一个很不受欢迎的辖区当新闻记者——为了保护自己，他随身携带着短柄小斧和手枪。[24] 在进入天才兼大亨这条路之前，吉姆虽然也通过其他许多条路径取得了很大的成功，但绝不是像现在这样超级成功。关键是：在这条路上成功，你不需要巨大的规模。

你可以从小开始并逐渐发展起来。看看现在有线电视能提供什么——500 多个电视台！现在美国人从高税州逃往低税州，伴随着这一浪潮，对于当地广播电台、新闻和娱乐的需求也在增长。但是请注意：为了成为一个合格的大亨，你需要商业技能。关于如何经营公司，你可以读一读第 2 章；关于私募股权的信息，你可以看看第 7 章。买下足够小型的地区性媒体公司，你就会被视为一股不能被小看的力量。

大亨之路上的错误

这条路上最主要的错误只有一个——不够多元化。最好的例子就是那些投资报纸媒体的人，他们现在都已经搁浅了。报纸曾经很火，现在则不一样了。没错，鲁伯特·默多克把《华尔街日报》当成玩具一样进行收购。但是如果彻底看一遍《福布斯》400 强榜单，你会学到很多。其中一个就是：投资报纸现在是一条亏钱的路。

但过去不是这样。威廉·伦道夫·赫斯特（William Randolph Hearst）的财富造就了赫斯特家族数代的富有子弟，也让年轻的帕蒂·赫斯特（Patty Hearst）在 1974 年成了绑架犯的绑架对象[②]。乔·普利策（Joe Pulitzer）（普利策奖就是以他的名字命名的）建立了一个巨大的帝国。斯·纽豪斯（Si Newhouse）也做

---

① 参见第 7 章。
② 像第 7 章中的艾迪·兰伯特（Eddie Lampert）一样，只不过兰伯特处理得更好。

了同样的事情，因为他的远见，他的公司开发了除报纸以外的生意，他的财富也得以延续下去。

纽豪斯曾经是、现在也仍然是纽约市的一个名人。[25] 他 13 岁时就成了供养他家的主要劳力，并在 16 岁时接管了第一份报纸《贝昂时报》（*Bayonne Times*）。1922 年，纽豪斯 27 岁，这年他以 9.8 万美元的价格全面收购了第一张报纸《史坦顿先锋报》（*Staten Island Advance*），而他一生都拥有这个报社。[26]

在他所有的成功中，纽豪斯只创立了一份全新的报纸。他收购了许多贫困潦倒的报社，他有能力让这些报社在很短时间内蓬勃发展。纽豪斯什么事都靠自己——这对创始人兼 CEO 来说是个明智的决定[①]。他把所有的利润都用来再投资，一直以来保持着成本意识，因为高成本和低质量问题与工会对抗。纽豪斯的媒体帝国一度排名美国第三，只落后于赫斯特和斯克里普斯 – 霍华德（Scripps-Howard）。接下来，他进行了多元化经营——进军电视行业、有线电视行业、广播行业和杂志行业。当报纸行业开始衰落后，其他行业保全了他。

1979 年他去世的时候，他把他的公司"先锋出版公司"（*Advance Publications Inc.*）留给了他的两个儿子，包括 6 个电视台、15 个有线电视台、几个广播电台、康泰纳仕集团（Condé Nast）旗下的 7 本杂志和 31 份报纸——以及《史坦顿先锋报》，还有现金。

注：成功的财富建立者的孩子一般不会像他们父母一样优秀，因为对于他们来说，可能生活太过简单，但是纽豪斯的两个孩子可不遵循这条规则。塞缪尔（Samuel）和唐纳德（Donald）继续发展公司，并不断把著名的杂志收入囊中，包括《纽约客》（*The New Yorker*）、《时尚》（*Vogue*）、《名利场》（*Vanity Fair*）和《美食家》（*Gourmet*）。[27] 从 1982 年开始，他们是极少数能每年在《福布斯》400 强榜单上占有一席之地的人——这可是一项难得的功绩。他们现在每人净资产都为 105 亿美元。[28]

纽豪斯的帝国因多样化而得以繁荣。如今，你没法通过建立新的报社而获得巨大财富。因为网络新闻的出现，大的报社正在逐渐凋零。因为亿贝网（eBay）和克雷格列表（Craigslist）上的电子广告取代了传统广告，小的城市报纸则更加衰落。你应学到的一课是：不要只关注于一种传媒领域，要扩大经营范围并成为全媒体。

> 为了建立一个能延续下去的巨头帝国，你必须多样化。

[①] 参见第 1 章。

更时髦的大亨之路

当今，什么比报纸好得多？嘻哈——它创造出了大笔财富。嘻哈文化让那些看起来多元化的人都发了财。但应注意的是，像我们那些纯天才朋友们一样，嘻哈大亨之路也是一条成功率很低的道路。从小开始做起，并取得大学学位，万一没有成功，也有出路。

肖恩·科姆斯（Sean Combs，又叫做"吹牛老爹"）创立了坏男孩（Bad Boy）公司，这是一个包括了唱片公司、服装生产线、电影制作公司和餐厅的传媒帝国。他是歌手、音乐和电视制片人、作家，甚至还在百老汇露面。2016 年，他的商业投资让他挣了 6 200 万美元，他的净资产也达到了 7.5 亿美元左右。[29] 拉塞尔·西蒙斯（Russell Simmons），另一个像科姆斯一样的多元化的嘻哈企业家，净资产约为 3.25 亿美元。西蒙斯通过两个唱片公司和一条服装生产线积累了他的财富[30]（嘻哈大亨似乎都有服装生产线）。

2014 年，安德烈·罗梅勒·杨（Andre Romelle Young，他更出名的身份是德瑞博士）通过一条稍微不同的道路加入了嘻哈大亨精英的行列。像所有不错的主办人一样，他在 1996 年创建了自己的唱片公司——结果娱乐公司（Aftermath Entertainment），如今他也是公司的 CEO，但是真正的收获日在将近 20 年之后才到来。2008 年，德瑞博士提议由他和唱片制片人吉米·艾欧文（Jimmy Iovine）创立一个鞋子品牌。传说艾欧文说："运动鞋很好——我们还是来做耳机吧。"很快，他们就通过音质不错的无线耳机名扬四海。苹果公司在 2014 年以整整 30 亿美元的价格收购了 Beats 耳机，并让德瑞博士净赚了 5 亿美元。[31] 他在 2015 年也挣了 3 300 万美元，[32] 其中部分来自于制作异见人士（N.W.A）的传记片（以及他的传记）《冲出康普顿》（Straight Outta Compton）。如今他的身价约为 7.1 亿美元，像吹牛老爹一样，他也有很大的潜力成为十亿身价的富翁。[33]

榜单上另一位大人物是肖恩·科里·卡特（Shawn Corey Carter），他曾因刺伤竞争对手的胃部而被起诉，并为此获刑三年，缓期执行，他也被称为说唱歌手 Jay-Z。[34] 卡特开始自己的事业时很明智，他试图取代所有的中间人——唱片公司、经销商、经纪人、制片人，目的是更好地保持自我。他成功了，并收获颇丰。作为一个相对不出名的人物，他和朋友一起创立了自己的唱片公司——Roc-A-Fella 唱片公司。1996 年，他们发布了第一张 Jay-Z 的专辑。通过这种方式，他成了典型的依靠自己的创始人兼 CEO。接着，他建立了一条极其受欢迎的服装生产线——洛卡薇尔（Rocawear），2007 年，他以 2.04 亿美元的价格将其出售。虽然卡特出售了商标权，但他依然保有公司的股份并依然管理着市场营销、产品开发和许可证的发放。[35]

像任何不错的传媒大亨一样，他的收入来源多种多样，之前他是 Def Jam 和 Roc-A-Fella 唱片公司的 CEO。他的音乐生涯很成功，他为演奏会设计的服装也很成功。他拥有一个规模不断扩张的连锁运动俱乐部，即 40/40 俱乐部。他在电影业也有一席之地，拥有很多强有力的背书、版税、发行权，还管理着其他艺术家（即使你不觉得他们的行为很艺术，但他们还是被称为艺术家）。他是百威啤酒的代言人，并且还担任着安海斯 – 布希（Anheuser-Busch）公司的市场顾问。像任何真正的大亨一样，他买下了一支球队——他拥有着布鲁克林篮网队（Brooklyn Nets）的少部分股份，但 2013 年，在建立了运动天才中介机构 Roc Nation 后，他就出售了自己的这部分股份。现在他和潮汐（Tidal）公司正在等待时机，后者是提供音乐流媒体服务的公司，2015 年由他（带领着一群音乐家）接管。《福布斯》估计，2016 年他的收入为 5 350 万美元，[36] 他的净资产也达到了 6.1 亿美元。[37] 电影明星们，羡慕去吧。

按照他制片、管理、获取人才、设计和创新的速度来看——只要他不再刺伤任何人[①]，他很快就会在《福布斯》400 强榜单上榜上有名。和我对马克·库班的评论一样，当我提到卡特曾刺伤别人时，我的编辑眉头大皱，认为这部分文字会有损 Jay-Z 的人格，并觉得我太没有同情心，而且也觉得我的言论可能会对我的读者们产生困扰。但是，如果我包庇他，不提他刺伤人这件事，他才真的会觉得被冒犯。因为他自己也宣传这件事，并把这件事当做他嘻哈事业中真诚的一面。如果你也试图走这条路，那你需要的就是韧性。

你还需要一份巧妙的财务计划。柯蒂斯·詹姆斯·杰克逊三世（Curtis James Jackson III）[②] 曾被看做嘻哈大亨名人堂中的常胜将军。他的品牌 "G-Unit" 拥有一切该有的元素——唱片公司、服装线、运动鞋和许多特许权。2004 年，他成为了维他命水的代言人，而维他命水基本上就是冲泡好了的、被美化了的 Kool-Aid（当然为了声誉要加入更多的维生素。）。但是他没有接受现金，而是以母公司酷乐仕（Glaceau）的股票作为代言费。2007 年，可口可乐公司以 41 亿美元的价格收购这家公司的时候，他大赚了一笔，这让他的净资产膨胀到了 5 亿美元，也让他踏上了前往《福布斯》400 强的道路。[38] 不过他没有坚持下去。2015 年，他申请破产——对于一个把第一张专辑命名为《要钱不要命》（*Get Rich or Die Tryin*）的人来说，这也很具有讽刺意味。[39] 如果你不小心，财富会转

---

① 这事不大可能会发生——他的妻子碧昂斯（Beyonce）和他的女儿布鲁·艾薇（Blue Ivy）会阻止他的。
② 也被称做 50 美分（50 Cent）。

瞬即逝。

为了成名需要阅读的书籍

作为一个媒体大亨，你应该翻到第 1 章和第 2 章去看看如何成为 CEO，读一读那里列出的书籍——同样的课程也能应用在这里。为了在这条充斥着"娱乐行业"的道路上发财，试着读一读下面以及本章之前提到的书籍：

■ 迈克尔·舒特莱夫（Michael Shurtleff）所著的《试镜》（*Audition*）。这是一本为有工作的演员提供的书，作者的确在为节目和电影挑选演员，而且也确切了解自己需要什么样的演员。你在演艺之路的第一站应该是这本书。

■ 托尼·马丁内斯（Tony Martinez）所著的《经纪人告诉你一切》（*An Agent Tells All*）。为了演戏或为了进入"娱乐行业"的任何领域，你都需要一个经纪人。这本书可以从内行的角度为你提供珍贵的捷径。

■ 乔治·黄（George Huang）所导演的《与鲨同游》（*Swimming with Sharks*）。没错，这不是一本书。对于想要在好莱坞谋生的人来说，这是一部必看的电影。如果你没有充分的、深刻的动机，那么这部电影可以治愈你对这一行业的病态痴迷。

■ 兰斯·阿姆斯特朗（Lance Armstrong）和萨莉·詹金斯（Sally Jenkins）所著的《与自行车无关：我回到生活的旅程》（*It's Not about the Bike: My Journey Back to Life*）。你认为你的生活很艰难？若是有人告诉你 25 岁之后的就是死路一条呢？如果你真的想成为一名职业运动员，读一读阿姆斯特朗的故事，看看你是否有毅力。

 ## 名利双收指南

这是一条最艰难的路。每有一个成功通过这条路的人，就有成千（甚至成百万）个离开或销声匿迹的人。名利双收后的奖励如此迷人，以至于人们在不断尝试。这是一种美国梦——一个人在达到顶点后，能住在马里布的别墅里，能雇用保镖保护你花了几十年时间拼命想放弃的隐私权。

但是有办法增加你成为名利双收的天才或成为大亨的概率。这并不简单。要不然，我们人人都能成为詹妮弗·劳伦斯。

如何成为一个富有的天才

1. 从小开始你的事业。 几乎每一个成功者都是这样，任何类别的天才都是从很小就开始自己的事业并持之以恒，极少数人能在之后的人生中被"发现"（在他们 20 多岁或更年长的时候）。几乎所有人都在年少的时候就辛勤工作。

2. 有负责任的父母和／或管理人员。那些在 20 多岁不崩溃的天才们一般都有相对负责任的父母和／或有道德的、负责任的管理人员。天才们如果缺少父母或年长者的指导，他们一般都会频繁出入戒毒所。有了很好的父母，你才会成为娜塔莉·波特曼（Natalie Portman）。如果你没有很好的父母，你可能就会成为八卦小报上的悲剧。

如果他们的管理者把利润放进了自己的口袋，那么天才们会发现自己几乎没有什么所得。和雇用任何专业人士一样，你的经纪人必须拥有被证明过的历史背景和透明的佣金。[①]

3. 对你自己负责。如果你把钱都花在蠢事和戒毒所上，那么从电影和唱片获得的巨额报酬也没什么意义，我不需要在此列出不胜枚举的例子。有些天才把成堆的钱不仅花在俗气和没品位的事情上，而且还花在了毒品、律师和其他事情上。

4. 理解你需要多少钱。如果准备一份预算，天才们多半就不会在钻石珠宝和律师身上浪费那么多钱［如果你一部电影的片酬能达到 1 000 万美元，你就不能计划一年花出 1 500 万美元。问问 50 美分（50 Cent）就行了。即使你赢下来超级碗，数学规则依然会生效］。

因为天才之路是短命的，天才们必须理解他们需要积累多少财富，这样他们才能养活他们自己、他们的家庭、他们的前几任老婆、他们前几任老婆的孩子和一群女朋友。如果你需要一个司机、贴身保镖、厨师、女按摩师和瑜伽教练作为你正式职工的一部分，那么请确保你这方面的年支出不超过你积累的所有流动资产的 4%。如果超过了这些，你多半就必须凑合着用更少的人或要价更低的人了。

5. 得到一份大合同，如果你可以的话。

6. 一遍一遍地重复。这种重复是会带给你回报的。昙花一现的人会因为他们在聚光灯下的 15 分钟而获得不错的报酬，但除非他们靠名誉每年都能挣到钱，否则一次性的成功难以养活他们一辈子。昙花一现的人需要考虑读一读这本书的其他章节。

如何成为一个富有的大亨

1. 理解市场。你可能会认为你有最新的技术、最好的产品和节目以及最热门的内容，但如果你的目标观众对此并不感兴趣，那么最新的、最好的和最热门的都会失败。成功的大亨"理解"他们的市场想要什么，并能猜到事物会怎样发展。他们清楚什么时候去做耳机，而不是运动鞋。

2. 低价时收购，高价时卖出。像个私募股权公司一样思考问题。斯·纽豪斯不会考虑购买知名度很高的版权，你同样也不应该去考虑这些。找出增长机会并在那里投资，它们会飞速发展。知名度很高的版权不一定会转化为高利润——问问《纽约时报》就知道了。

---

① 　创新艺术家中介处（Creative Artists Agency）和威廉·莫里斯中介处（William Morris Agency）是两个最大的、最受尊敬的艺术家中介处。

3. **多元化**。媒体行业变幻无常，而技术也不断改变。了解两年后媒体行业的状况是一件很难的事情，更不必说十年。充分多元化的大亨是最能从不断变化的潮流中得到利润的人。只要你的经营范围足够广阔，你就可以深入发展。

当今最成功的大亨都会接触电视行业、有线电视行业和卫星行业、广播行业以及互联网行业，也包括传统印刷行业。

4. **买下一支球队**，即使像 Jay-Z 一样，只有 1% 的 1/15 的股份。我也不知道这为什么重要，但你必须这么做，因为这是大亨们一致的特点。

值得的婚姻 | Chapter Five 第 5 章

玛丽莲·梦露（Marilyn Monroe）在《绅士爱美人》（*Gentlemen Prefer Blondes*）中问道："你不知道吗？男人有钱就像女孩漂亮一样，你不会只因为一个女孩漂亮就和她结婚，天哪，她的美丽难道没用吗？"

如果说这看起来滑稽可笑，那么这就不是你的致富之路。可以这样理解：既然你不会和一个你生理上排斥的人结婚，那么你为什么会和一个财务上排斥的人结婚呢（如果是金钱值得你这么做，那么就在富人中选一个人吧。如果你不喜欢这种观念，也很好）？把富人留给在乎他们的那些人吧。

如今，为了金钱而结婚经常会受到谴责，但是值得的婚姻并不是新话题；在文学作品及神话中这是一个典型的话题——漂亮的农民女孩嫁给了真心的王子。在欧洲，过去大部分婚姻是在财富相当的人之间包办的。一般认为，与上层联姻总是受到赞赏，而与下层联姻就是失败。因为资金和技术的原因，人们一般都在有限的圈子里活动。他们从他们的圈子中选择配偶或者由家人帮忙从外部选择。

直到最近，自己选择伴侣才普遍起来，这正铺砌了另一条致富之路。在《傲慢与偏见》（*Pride and Prejudice*）一书中，当女主角捕获了富人达西先生，我们都欢呼雀跃，而现在人们却可能称她是"以色诱惑骗取男人钱财的女人"。她本不应该被这么称呼。

注意：不管男女，结婚时都是不能只考虑金钱。我们家有一个年轻的女性朋友，她继承了一笔可观的遗产，并嫁给了一个英俊的、充满朝气的小伙子。一切看起来都很棒。他从她那儿借了钱，开始建立自己的公司并小有成就，最后他卖掉公司换成 500 万美元，此时他终于主宰了自己的命运。就在交易达成的那个晚上，在庆功宴上，她宣布她要离他而去，去找她的皮艇教练。一记大大的耳光！她喜欢当老板，丈夫的成功激怒了她，她为了报复找了新玩偶。为了给她点颜色看看，他和他的皮艇教练开始交往。这是真实的故事，当金钱超越爱情时，这条路就会布满荆棘。

是的，只考虑金钱的婚姻不总是奏效——但一般来说婚姻本身也是具有不确定性的。如今离婚率很高，但并没有证据表明，嫁入豪门的那些人的离婚率比一般大众的离婚率更高些。而如果你做对了，那么你就会增加你的胜算。大多数基本的忠告是：虽然与上层联姻很不寻常，但是你必须确信，如果你对这个人好，将心比心这个人也会对你好。金钱不是爱情的替代物，但它可以做加法——锦上添花。

你可能会对此嗤之以鼻，但是这条路径是合法的。2007 年《华尔街日报》（*Wall Street Journal*）的一个调查显示，2/3 的女人说她们"非常"或者"极其愿意"与上层联姻。不只是女人，被调查的男人中有一半也说他们也会考虑与上层联姻。有趣的是，20 多岁的女人离婚预期（71%）和要价（250 万美元）都是最高的。[1]

我再强调一下，与上层联姻不意味着婚结得很糟糕，我的曾祖父菲利普·I.费雪一辈子都在为李维·史特劳斯（Levi Strauss）工作——为他本人和他的公司。我的祖父阿瑟·L. 费雪（Authur L. Fisher）博士（我在 2007 年出版的书《投资最重要的三个问题》中有过详细的描述）是与上层联姻的直接受益人，我也是。按我曾祖父的表述，19 世纪时，当富有的李维·史特劳斯的亲戚亨利·萨赫勒恩（Henry Sahlein）向祖父最大的姐姐卡罗琳求爱时，她公开表明因为他是钻石王老五而嫁过去的。婚后她开始慢慢爱他，这是 19 世纪典型的婚姻状况。那时事情就是这样的。他对她的供养很慷慨，相应地，他也供养着她全家的成员，包括让她的弟弟——我的祖父完成医学院的学业，让我的父亲读完了大学。如果没有她的婚姻，我确信我的年轻时代会更困难。我从三代人中获益。我们家延续了几十年的感恩晚宴就是从 20 世纪 20 年代卡罗琳开始的，后来她的孙女延续了下去。我几乎每年都参加，向卡罗琳表示感谢。如今，唯一的区别就是你在立下婚礼誓约之前就想建立爱情。否则，同样的规则仍然适用。

如何才能邂逅一位富有的白马王子

首先，你怎样才能邂逅一个合适的富人呢？之后你就会为下面的事情发愁——坠入爱河、确保他们能和你结婚、你也能和他们结婚、婚前协议等。起初，要找到富人。他们不是随处可见——比如 2013 年，美国人中只有前 1% 的人收入超过 428 000 美元。[2] 这对你来说可能不够。最高收入中只有 0.1% 的人赚的钱超过了 190 万美元[3]——也就是我们现在正在谈论的，他们大概只有 300 000 人，而且其中大多数早已结婚（尽管如此，对一些人来说，要选择这条道路也没什么问题，因为他们中的许多人会很快离婚）。

其次，强调邂逅一个称心如意的富人谈恋爱的重要性。我认识一个人，有大概 3 亿美元的流动资产——他之前是公司创始人兼 CEO，后来卖掉了他的公司。他 55 岁，未婚，单身汉——从未结过婚，没孩子，没负担。他要求不高，简单着装，开着一辆大众车——真的不关注奢侈品。他有股票和债券，股票一波动，他就紧张得要命，因此最后他把所有的钱都投在债券上。我过去常常在客户研讨课中引用他的事例，说明为何有些人需要股票，有些人不需要。他拥有的钱比他需要的多，不需要股票的高额回报，而且股票的波动让他很烦恼，但债券让他很轻松。后来，我不再讲他的故事，因为每次我讲他的故事时，总有几个单身的女士课后会留下来或者给我打电话索要他的联系方式。这是真的故事！她们在研讨课关注着有钱人，她们想得很好，她们并不是要和他结婚、接近他或者别的什么，只是要找到他。那么你如何找到他／她呢？

地段，地段，还是地段

像房地产一样，邂逅富有的伴侣的三个最重要的方面就是地段、地段和地段。有些地方，你随便一挥手胳膊肘很可能就碰到了富有的人。如果这是你的致富之路，那么就去那儿吧。哪里呢？看一下《福布斯》400 强吧。你虽然不需要眼光那么高，但也需要是地理位置上比较富有的地区。《福布斯》网站（www.forbes.com）上有这个国家的地图，显示出最富有的人住在哪里——一个近乎完美的画面，告诉我们更低调的富人的居住地。如果一个国家有较高比例的亿万富翁，那么拥有 500 万美元、2 000 万美元，甚至 2 亿美元的人们居住得相对集中会比较安全。因为他们的财富来源地基本相同，因此他们会聚集在一起。

比如 2016 年，加利福尼亚州拥有最多的《福布斯》400 强上榜人员——90人，占总数的 23%。纽约州紧随其后，69 人，其中大多数在纽约市（54 人）。佛罗里达州（40 人）和得克萨斯州（33 人）也有很多，因为那些州都很大，所以，它们拥有许多富人就很易理解。人均来算，怀俄明州排第一——每 116 000人中有 1 个（当然，怀俄明州只有 580 000 人，备选人很少）。下一个是哪里？蒙大拿州！每 256 000 人中就有一个亿万富翁。南卡罗来纳州排名最后——每4 800 000 人中才有 1 个。当然，这还胜过了特拉华州、爱达荷州、缅因州、密西西比州、新墨西哥州、佛蒙特州和西弗吉尼亚州——它们一个都没有。[4]超级富翁不可能去很少有富人的地方，因此他们离开贫穷的地方，搬迁到更富足的地方——那是他们的所在地！这只是第一步。

查实当地法律

因为离婚率到处都很高，所以选择在承认夫妻共同财产的州而不是实行普通法的州结婚你才会更安全。大多数州都是实行普通法的——共有 41 个州，这意味着配偶一方有完全独立的合法权利和财产权，听起来不错，除非你的目标就是结婚，因为这样你则一直冒着被抛弃的风险！虽然我不主张结婚时就想到离婚，但是你结婚时要清醒地意识到，富有的人也不能逃脱高离婚率，你应该为这样的风险做好准备。

◤ 最富有的美国人选择的最佳与最差的地方

想知道美国富人住哪儿吗？下表会告诉你，《福布斯》400 强中在哪儿找到的人数最多，在哪儿找到的人数最少。

最佳的地方	最差的地方
1. 怀俄明州（每 116 000 人有一个）	1. 亚拉巴马州（没有一个）
2. 蒙大拿州（每 256 000 人有一个）	2. 特拉华州（没有一个）
3. 纽约州（每 287 000 人有一个）	3. 爱达荷州（没有一个）
4. 内华达州（每 315 000 人有一个）	4. 缅因州（没有一个）
5. 加利福尼亚州（每 431 000 人有一个）	5. 密西西比州（没有一个）
6. 康涅狄格州（每 450 000 人有一个）	6. 新罕布什尔州（没有一个）
7. 佛罗里达州（每 4977 000 人有一个）	7. 新墨西哥州（没有一个）
8. 威斯康星州（每 640 000 人有一个）	8. 北达科他州（没有一个）
9. 俄克拉荷马州（每 776 000 人有一个）	9. 佛蒙特州（没有一个）
10. 华盛顿州（每 785 000 人有一个）	10. 西弗吉尼亚州（没有一个）

资料来源：US Bureau of the Census，www.census.gov；"The Forbes 400 2016，"（October 6，16）。

在实行普通法的州，一旦到了分割财产时，你通常要遵循众所周知的"财产的公平分配"原则。公平？听起来公平，但其实是这样吗？不，那只是法官眼里的"公平"。你所能得到的就是成为法庭判例，为此你必须读一下第 6 章，看看法庭判例如何成为人气竞赛——各方都在争夺法官的好感。如果法官认为你就是那个坏人（像希瑟·米尔斯·麦卡特尼，Heather Mills McCartney），那么你能得到的就很少了。如果你是为了追求财务上富足而结婚，那你富有的配偶可能会花重金雇用更好的律师。这件事有太多的不确定性，而你可以用严格的婚前协议或者换个州来对抗这种不确定性。

例如，亚利桑那州、加利福尼亚州、爱达荷州、路易斯安那州、内华达州、新墨西哥州、得克萨斯州、华盛顿州和威斯康星州都是承认夫妻共同财产的州。这里，每个配偶都拥有婚后所得收入和资产的 50%——即使一方配偶收入很高，另一方没有收入。虽然配偶还要均分债务，但是如果你在这条路上正确前行，应该不至于债务缠身。

一般原则，承认夫妻共同财产的各州在婚姻中对更穷的配偶一方更有利，对更富有的配偶一方更不利。注意：新婚家庭中，如果更富有的配偶一方想要从加利福尼亚州搬到佐治亚州，那么他或许就在考虑离婚的事。但是，搬到另一个承认夫妻共同财产的州你们的关系则很安全。我最近在说服我结婚 46 年的妻子从加利福尼亚州搬到华盛顿州——从一个承认夫妻共同财产的州搬到另一个承认夫妻共同财产的州，因此她明白这不是为离婚做计划。

追随金钱

下一步，通过围绕富人开展你的事业和社会活动来增加你的胜算。如果你在金融业或投资业（93 个亿万富翁），那么与电信业（1 个亿万富翁）相比，你更有可能遇见富有的配偶。服务业也还好（18 个亿万富翁）——也许你可以在管理咨询行业找到工作。去硅谷，在技术的海洋中畅游吧（55 个亿万富翁）；或者去纽约和好莱坞，抢先捕获媒体或娱乐业富豪（29 个亿万富翁）。如果你选择了环保事业，那你就运气不佳了——一个亿万富翁也没有，但是石油和天然气业却有 25 个亿万富翁。[5] 尽管超级富翁做了许多慈善事业，但是如果你冒犯了他们的财富源泉，他们也不会喜欢你，因此绿色和平组织[①] 会议不是一个合适的相亲地点。但是你能在诸如自由贸易、抗疟疾蚊帐或者给全球的孩子们接种疫苗这样的活动中当志愿者，那还是不错的。

如果你有忍耐力，那么共和党或民主党的活动也是遇见党派捐赠人的一条很好的路子。两党都吸引并保留着他们富有的捐赠人（虽然两党规模和财富相当，但是他们通常来自于不同的、在某种程度上互相冲突的各个行业。例如，石油业人士更大可能是共和党人，原告律师更大可能是民主党人）。如果你是筹资志愿者，那么你自然会遇到捐赠人。

⬈ 只在承认夫妻共同财产的州结婚

大多数州实行普通法——每个配偶都是独立的，因此他们的收入属于他们自己。承认夫妻共同财产的各州认为婚姻存续期间内取得的收入和资产应该在配偶双方均

---

① 译者注：一个环保组织。

分。想使婚姻对以后的生活有保障，那么这些承认夫妻共同财产的州可能更安全。这些州包括亚利桑那州、加利福尼亚州、爱达荷州、路易斯安那州、内华达州、新墨西哥州、得克萨斯州、华盛顿州、威斯康星州。

资料来源：Internal Revenue Service。

　　显然，政治献金活动在更大的城市以及在州政府所在地的城市最有可能。社会慈善机构都很相似，没有政治导向，到处都有。比起贫穷的各州，如西弗吉尼亚州或南卡罗来纳州，你在富裕的、承认夫妻共同财产的各州，如加利福尼亚州或者是内华达州参加政治活动更容易找到富有的伴侣。

　　一定要出现在适当的场所、适当的时间。如果梅琳达·盖茨（Melinda Gates）不在华盛顿微软工作的话，那她就不会遇见比尔·盖茨。因为他是一个工作狂，所以在其他任何地方找到爱情对他来说都是不可思议的事。大多数超级富人都是如此，他们对他们所做的事情非常着迷，你必须亲自去他们的所在地找他们才行。

　　另一个完美的场所就是自由投资研讨会。挑选那些吸引高净值投资者的活动，而不是那些普通投资人的会议。经纪公司每周在每个大社区都会举行这样的活动，尽量向参加活动的人出售以佣金为基础的投资产品。听众的钱来源复杂，他们通常允许这种临时活动——如果这就是你的致富之路，那这种方式就很好。我的公司已经多年不举行这种推销研讨会了，但是我们过去做，而且人群中总有某个人会出钱。纽约适合干，这时——也许那儿是最佳之地。

　　20世纪90年代的一个夜晚，我们当时正在曼哈顿的广场酒店举办这样一个活动。里吉斯·菲尔宾（Regis Philbin）[1]参加了活动，人们都惊呆了——他的出现让观众着迷。人们打算对他围追堵截，但他早已快速地离场。有几个参加活动的人会后留下来跟我聊天，还有几人是我公司的人。其中一个引人注意的年轻女士正在和我们的一个代表闲谈，我们的员工随后取来了一些饮料着迷地倾听。她的故事非常有趣，后来我们的代表请她来讲述了她的故事。

　　她是一个年轻的执业医师，希望结婚，但信奉玛丽莲·梦露的信条——你虽然不纯粹是为了变得富有结婚，但将财富作为考虑因素之一也无可厚非。她采取了许多方法，希望有所回报。

地段很重要，在理想的位置寻找吧。

　　从周一到周四，每天晚上在完成钻孔和填充这些补牙工作之后，她都要去

――――――――――――
① 译者注：美国脱口秀主持人。

找一家开研讨会的酒店，她最中意的两家酒店是广场酒店和君悦酒店，因为这两家酒店每天晚上都举办多场研讨会。她会选择看起来最有钱而且参加人员不太老的研讨会，那就是她来我们研讨会的原因。然后她会接近门卫，向他们出示她的牙医从业证书。她说她几乎总能凭口才达到目的。如果她不能，那她就会沿着大厅去另一场研讨会，而那里她一定能进去。进到里面，总有免费食品，一个星期有四天晚上她会免费吃饭——非常节约。研讨会之前，她先混进去寻找目标。她非常直接，一上来就询问他们在做什么，告诉他们她的职业，然后询问他们的职业，而且还调调情——所有这些都是针对她慎重挑选的男人。第一次谈话中，她总是询问他们是否想要孩子——此时此地，孩子的话题对她来说很关键，而且关系到他们是否适合结婚。

对于那些她喜欢的人，她会交换名片，提供一次免费的牙科检查——这种免费检查会使他们记住她。一个星期之后，她会给她喜欢的男士打电话。如果他们不能热情地回忆起她，那么她就知道她给他们的印象不深刻，她就会退出。如果他们能记起她，她就会要求周末见面喝点东西。她说一年多以来，她一直这样做，每个周末都有约会，每个周日都会出去。她收到了几次求婚，但是没有一个是从她中意的男士那儿发出的。

但是她说她非常有信心一年之内找到白马王子，我相信她会的。玛丽莲一定会感到很自豪。虽然我们再没有收到她的信息（我们不再举办那种研讨会），但是我相信她成功了，因为她建立了这么做的一种机制。她看起来像是用她的方法在钟形曲线上找到了出口。我相信会有一天晚上，这个合适的白马王子遇到她，让她点亮他的灯。很少有人会像这个年轻女士一样自律，并且在这条路上持之以恒，但是如果你也自律，你也能做她所做的事情，那么这条路也会适合你。我确信。

如同佳酿——好好珍藏

你可能要和某个年龄大的人结婚，因为富人很少有年轻的。《福布斯》400 强中只有 114 人年龄在 40 岁以下。色拉布的共同创始人鲍比·墨菲（Bobby Murphy）净资产 18 亿美元，只有 28 岁，仍然未谈恋爱[6]（抱歉，女士们，他的朋友埃文·斯皮格尔只有 26 岁，净资产却达 21 亿美元，但现在已经是超模米兰达·可儿的护花使者了）。[7]脸书的 CEO 马克·扎克伯格，31 岁，本书第一次出版的时候已经告别了单身。伊万卡·特朗普（Ivanka Trump）也是这样，她从她的房地产富翁总统老爸唐纳德（Donald）那里会继承数十亿美元。但是爱彼迎的共同创始人乔·杰比亚和布莱恩·切斯基（每人净资产 33 亿美元，而且都 30 多岁）仍然单身。[8] 最年轻的是 SABMiller 的后代胡里奥·马里奥·桑托·多明戈三世，只有 31 岁，净资产却高达 24 亿美元。[9] 虽然这样，但富人大多数都很老，不只是老夫少妻这种搭配，老女人也喜欢年轻的男人。例如：朱莉安·摩尔（Julianne Moore）和凯蒂·库里克（Katie Couric）与年轻男人的婚姻。想想，人就像一瓶佳酿，随着年龄的增长变得醇厚。如果你认为这种评价缺乏浪漫，那么请记住，爱情在这条致富路上非常关键，但是浪漫却是可有可无的。

因为浪漫可能会打折，所以佳酿必须好好珍藏。就像一瓶好酒一样，婚姻也必须好好经营，签订一个好的婚前协议，尤其是在不承认夫妻共同财产的各个州，婚前协议在婚姻破裂时将给你提供保障。

即使是在承认夫妻共同财产的各州，婚前协议也很重要——结婚之前获得的资产都包括在其中。你需要一个协议，明确谁得到了什么，怎样取得的，什么时间取得的。如今，婚前协议在年轻人中并不普遍。他们以为这太契约化了，亵渎了浪漫，但是为了以后的生活保障，你必须这样。如果这太令人反感，那就想一想：如果不签订合同，你就不会获得另外一个协议的保障。不签订合同，你就不能收养一个孩子、买房子或汽车、开始新工作、雇用资金经理甚至进入健身房。婚姻为什么就会不一样呢？因为婚姻按理说是最严肃的伙伴关系，所以婚前协议尤其重要。

有时佳酿也会变质！在婚姻中你不能控制另一个人，否则就会带来离婚问题。离婚从来不是目标，而总是一种冒险行为。之后会发生什么呢？你能得到多少？换个角度说：你的生命值多少？你结婚后每一年的回报是什么？你的时间和爱是宝贵的，由你决定它们值多少。如果连你都不知道他们的价值，那就没有人会知道了。

想一想罗恩·佩雷曼，一个私募股权中利用他人资金的人[①]，净资产达 122 亿美元。[10] 具有讽刺意味的是，有些人说他和他第一任妻子费思·戈尔丁（Faith Golding）的婚姻有些与上层联姻的味道。1965 年，他们结婚后不久（没有婚前协议）[11]，罗恩就从费思那里借了钱，购买了他的第一家企业。但是罗恩超级成功，20 年后他们离婚了，费思只得到了 800 万美元[12]——婚姻存续期间的每一年还不到 50 万美元，这对像罗恩这样的男人来说太少了。

他的第二任妻子是克劳迪娅·科恩（Claudia Cohen），上流社会绯闻专栏作家及电视名人，她得到的分手费更多。他们离婚时，克劳迪娅为九年婚姻及一个女儿获得了 8 000 万美元——每年 890 万美元！[13] 他第三任妻子帕特里夏·达

---

① 见第 7 章。

夫（Patricia Duff）是一个政治筹资人（如前所述，易于遇见富人的方式）及当时的电视名人。如果你想了解他们肥皂剧式的离婚新闻，去谷歌搜一下吧。她和他有一个孩子，18 个月的婚姻她得到了 3 000 万美元。[14]，只是和一个无法在婚姻中待长久的男人在高级餐厅中吵吵嘴，每年就能得到 2 000 万美元！

接下来的一位是艾伦·巴金（Ellen Barkin）。我真的喜欢她 1991 年的电影《变男变女变变变》（Switch）和 1992 年的电影《浪荡豪情》（Man Trouble）。后来，虽然她的事业放缓，但婚姻存续期间她还是在靠名气赚钱[①]。2000 年，她和罗恩结婚；2006 年，婚姻结束。她到底得到了多少钱说法不一。她的朋友们说是 2 000 万美元，罗恩则说是 6 000 万美元，假定是 4 000 万美元——因嫁给了露华浓（Revlon）的所有人，每年就能将到 666 万美元。在准备这本书时，我阅读了她的传奇故事，我相信她认为她的婚姻可以延续下去，而最终的离婚让她很吃惊。这再次说明，离婚从来不是一个目标，而是一个风险。再者，就像第 4 章介绍的，以前的女演员一年很少能赚 600 万美元。我敢打赌，像巴金这么老的，没人能赚到这些。

但是每年 666 万美元与 2 000 万美元还是相差很远。巴金哪儿做错了？那就是罗恩的其他妻子们都至少有一个孩子，而她没有。也许这就是错误。而且，虽然她签有一个婚前协议，但是她

盘算一下，知道你值多少，要求预付。

还是没有要求那么多。看看罗恩的历史，她就应该知道他有离婚的风险，她就应该为未来可能很快出现的离婚要求赔付。毕竟，如果婚姻持续下去，那么婚前协议就不会适用，他也不会破费什么。我的观点是：总应该在事前要求多一点。什么是"多一点"？比如在罗恩的案例中，可以约定"至少和获得最多赔付的你的前任一样多——扣除通货膨胀因素"。希望他的第五任妻子安娜·查普曼（Anna Chapman）能够引以为戒。

如果开始时你没有做对，那么最后你总要付出代价。和你相比，罗恩经验更丰富，拥有更好的律师，因为一个很好的律师至关重要。比起离婚最成功的妻子克劳迪娅·科恩得到的，希瑟·米尔斯·麦卡特尼从保罗·麦卡特尼（Paul McCartney）那儿得到的更多——她俩每人都有一个孩子。罗恩比保罗·麦卡特尼富裕得多，而且比起科恩，在法官面前希瑟·米尔斯更是一个问题女人。法官说米尔斯是个讨厌的人！[15]法官很少说话，更少乱说。

你需要一份好的婚前协议，因为像所有的婚姻一样，以离婚告终的有钱人的婚姻名单可以列很长。举几个例子？尼尔·戴蒙德（Neil Diamond）的前妻马

---

① 见第 4 章。

西娅·墨菲（Marcia Murphey）25 年的婚姻共得到了 1.5 亿美元。[16] 戴安娜·里奇（Diane Richie），莱昂纳尔·里奇（Lionel Richie）的前妻，8 年的婚姻共得到了 2 000 万美元。温迪·麦考（Wendy McCaw），电信业巨头克雷格·麦考（Craig McCaw）的妻子，得到了 4.6 亿美元——20 年婚姻每年合 2 300 万美元！麦考夫妻俩做得不错，一直很友好。[17] 如果你要结婚，也要好好做，准备一份婚前协议，以后即使离婚，也会保持友好的关系。

安娜·妮科尔·史密斯可能是最声名狼藉的人，她嫁给了詹姆斯·霍华德·马歇尔，后者是一个律师兼石油巨头。按她的话说，他离世的时候只留下了一份口头的协议，说是把他一半的钱分给她。她因为过量服药，几年之后也去世了，到现在遗产仍有争议（有一些小报报道了详情，我在此不想考证——如果你想知道点什么，更多的内容可以去博客看）。史密斯女士故事的寓意是，婚姻这件事一定要处理好。

1. 预先请一位擅长离婚案件的律师写一份婚前协议。

2. 不要做任何看起来很蠢的事。看起来蠢，实际也蠢。

3. 如果你和一位好律师结婚，那你注定失败。他们懂的，你却不懂。

4. 学会控制。如果对生活缺乏基本的控制能力，那么选择任何一条致富之路你都不会赢。

男人也一样！

老套的"与上层联姻"都是老夫少妻型，但这不只是女性的游戏！许多男人也会选择和成功且富有的女人结婚——不管年龄更大的或更年轻的。是的，这样的情况比较少见，因为毕竟由男人掌控着更多的财富。这不是男权主义，看看《福布斯》400 强吧——不管什么原因，里面上榜的大部分是男人。但是这并不意味着这条路对男人就不合法。

例如，如果说约翰·麦凯恩（John McCain）有资格竞选总统，且生活很成功的话，那么就我所知，他最大的成功一定是其婚姻——漂亮的、优雅的超级富婆辛迪（Cindy）（你一定听说过这个笑话，她甚至是带着自己的啤酒一起嫁过来的）！美国前国务卿约翰·克里也一样（净资产 1.99 亿美元），[18] 他和他的婚姻很神奇——两次！第一任妻子茱莉亚·索恩（Julia Thorne）是一个美国的贵族，财富可以和他相匹敌。但是她不能忍受政治生活，而且备受抑郁症的折磨。[19] 克里和她离婚了，之后又和特蕾莎·海因茨（Teresa Heinz）结了婚。具有讽刺意味的是，她也是带着自己的财富结婚的！作为联合国的一名翻译，她遇见了共和党参议员约翰·海因茨（John Heinz）并嫁给了他——就是番茄酱海因茨。1991 年他死于飞机失事，她得到了大约十亿美元或更多。[20] 到 1995 年时，她已经换了政党而且再婚了。克里证明了有人因邂逅富人而变成有钱人，你可以成为这样的人。

我可以把克里描述成利用名气而致富的人，某种程度上与艾伦·巴金的行为很相似。

简·方达（Jane Fonda）的第一任丈夫——前政治家汤姆·海登（Tom Hayden），得到的分手费是 200 万美元至 1 000 多万美元，看你相信哪个来源的数据了。对一个三线政客来说，这个结果并不差。之后，简·方达利用她不断上升的名气嫁给了《福布斯》400 强的泰德·特纳，步入了一段更富裕的婚姻（像艾伦·巴金一样）。她一定知道这段婚姻持续不了很久。她承认，她从来没有和任何一个男人保持良好的关系。我猜想，与上层联姻的人，其中一半都认为婚姻不会持久，这或许是因为离婚这么普遍，或许是因为他们自己的生活经历。

> 值得的婚姻对男人和女人同样有效。

婚姻美满

但是他们不需要难过地结束婚姻，麦凯恩和克里的婚姻看起来都不错。克里斯托弗·麦科恩（Christopher McKown）——一家小型医疗保健咨询公司的总裁，和阿比盖尔·约翰逊（Abigail Johnson）结婚快 30 年了，她来自富达国际家族企业，现在经营公司部分业务，凭自身能力净资产已达 130 亿美元。[21] 梅格·惠特曼（Meg Whitman）——前亿贝 CEO，净资产达 23 亿美元，[22] 仍与她脑外科医生丈夫保持着婚姻关系，迄今已 36 年之久，并且还将持续下去。[23] 尽管脑外科医生的收入颇丰，但还是不如娶一位前 CEO 丰厚。

脑外科医生对值得的婚姻似乎有第六感。以已故的格伦·尼尔森（Glen Nelson）博士为例。他有幸娶了卡尔森公司（Carlson）的前 CEO 玛丽莲·卡尔森·尼尔森（Marilyn Carlson Nelson）——净资产达 16 亿美元。[24] 他只是因为金钱才和她结婚的吗？我肯定地说不是——到 2016 年他去世时，他们已在一起生活了几十年，而且有四个孩子，还经受了一个女儿悲惨死亡的折磨。除此之外，有段时间玛丽莲离开了家族企业去养育孩子，并支持她丈夫的医疗事业。家族的钱固然好，但是 CEO 的钱更好——玛丽莲重回公司，取代了她的创始人父亲，成了公司的 CEO。和富裕的卡尔森女孩结婚的聪明小伙子中，尼尔森博士不是个例。大家都说，埃德温·"Skip".盖奇（Edwin "Skip" Gage）与玛丽莲同样富裕的妹妹芭芭拉·卡尔森·盖奇（Barbara Carlson Gage）已幸福地结婚多年了。

斯特德曼·格雷厄姆（Stedman Graham）也很有意思，他是奥普拉长期的伴侣，尽管他们曾经订过婚，但现在仍未结婚。他是他自己公司——格雷厄姆联合公司（S. Graham & Associates）的CEO，这是一家咨询企业，似乎主要是为了推销他的书及预约演讲。[25] 他是个聪明人，在他的圈子里非常活跃，但是如果他与奥普拉没有关系，他可能不会这么成功。奥普拉说他们永远不会结婚，[26] 因为奥普拉的遗嘱中不包括他，因此奥普拉28亿美元的净资产[27]中他一毛钱也得不到。[28]这是一个爱上非常富有女人的男人，他们永远在一起，而且看起来很幸福。虽然他似乎不关心是否要把她的财富和他自己的联系起来，但他其实已经从她的财富和关系中获益。记住：值得的婚姻并不意味着恣意地找到一个富人目标，并对其进行欺骗。但愿它的意思是找到你能爱上并尊敬的人，天哪，如果她也有钱，这难道对你没有帮助吗？

⌐ 他说她死了

提醒：并非选择这条致富之路的每个人都感到值得，不管男人还是女人。另一个真实的故事是这样的：玛格丽特·莱舍（Margaret Lesher）经历了两次婚姻，她从她的第一任丈夫那里继承了出版社的财富——他的家族拥有旧金山附近的《康特拉科斯塔时报》（Contra Costa Times）和姐妹出版物。当这个65岁的寡妇嫁给了一个40岁的职业牛仔时，大家都震惊了。很快，这两人独自去了亚利桑那州的湖边露营。接下来发生的事情就是最后的"他说她死了"——早上她被发现脸朝下漂浮在八英尺深的水里。他说他们一起喝了两瓶香槟酒、一些啤酒后，午夜时她非要去游泳，结果溺亡了。或许是他把她推入水中，又捞到小船上并翻了过来？虽然她的亲属断言是他使她溺亡的，但却找不到证据。尽管没有婚前协议，但根据她的遗嘱约定他仍然获得了500万美元。[29]一些人可能只是想要你的金钱，而不是你。

爱、婚姻和金钱

情人眼里出西施。彼之蜜糖，我之砒霜。当你到了我的年纪时，你会遇到很多对夫妻，可能不会认同一方在另一方眼中的形象，然而这并不意味着他们的爱情不热烈。我不会告诉你如何找到配偶的迷人之处，但不管什么能让你兴奋起来，这个人富有总是其中一个原因。如果你认为富有令人生厌，那么你一开始就不应该读这本书。

许多人处理婚姻太草率。一旦浪漫来临，几个月后就开始想到"结婚"，好像只有和这个人在一起才会找到爱情。错了！老话说得好："总有一个适合你。"的确，如果你极力寻找的话，一定会有相当多的、你总能爱上的人。这只是个努力寻找的问题，先找到他们，然后挑选最适合你的那个。这是最优选择，财富当然可以包括在内。

如今，富人很多，如果你只把眼光盯在富人身上，你定会找到爱情，就像你在当地书店能找到爱情一样。也许最重要的一步就是你要接受在富人中寻找爱情这件事——事情本身并没有什么错。

好好想想，钱在哪你去哪，回家做个计划，像我们年轻牙医的例子那样去执行计划。如果通过这种方式致富是你的目标的话，那么这真的是一种思维方式，而且是很好的方式。

按本书行事

像其他致富之路一样，为了使过程顺畅，你可以读更多的书。大多数和上层联姻的书都充满讽刺意味，或者对形形色色的这种类型婚姻双方都肆意抨击，这对大家都是伤害。不要理会书名，下面有几本可以帮助你：

■ 基妮·赛尔斯（Ginie Sayles）的《怎样找个有钱人结婚》（*How to Marry the Rich*）。即使你不想因财富结婚，这也是一本很好的婚姻和约会指南。那些不想单身的人可以从中受益匪浅。

■ 凯文·多伊尔（Kevin Doyle）的《怎样和金钱结婚》（*How to Marry Money*）。书中有很多小窍门，虽然有时会说些风凉话，看起来有点讽刺味道，但却不是这样。作者以笔名"露丝·莱斯利·格林"（"Ruth Leslee Greene"）对同一主题写了一些讽刺作品。

■《怎样和金钱结婚》（*How to Marry Money*）。同样的书名，但这本书出自苏珊·赖特（Susan Wright）之手。此书虽然销量不好，但的确是对这一主题的严谨尝试，其中的思想你可以借鉴。

 值得的婚姻指南

简·奥斯汀（Jane Austen）告诉我们，拥有大量财富的单身男士一定需要一位妻子，这是公认的事实。太对了！不只是女士希望获得财富。今天，当人们可以自由地选择配偶时，值得的婚姻的确就成了一条致富之路。虽然你可以对此嗤之以鼻，但是找到合适的配偶的确可以让你拥有财富。那么下次我们会告诉艾伦·巴金最好做点什么呢？

1. 合适的地点、合适的时间。确定合适的地段，去他们所在的地方。这很容易。同样，查实当地法律，为防止事情出错，那就去查找承认夫妻共同财产的各州吧。

2. **出现在他们光顾的地方**。富人大多是工作狂，去他们工作的地方吧，距离接近很重要。虽然慈善工作或者政治募捐是遇到超级富人的很好的途径，但是也得理由合适才行。为了挽救笛鸻而进行募捐可能会浪费你的时间。投资研讨会对遇到目标（及品尝免费食品）来说也很重要。

3. **年龄很重要**。事实是：大多数富人都很老。你可能会遇到一位年轻的女继承人，但她周围也许已经围满了潜在的伴侣。在一群更成熟的人中，你的胜算会提高。

4. **取得婚前协议**。认真地考虑一下你值多少，并要求预立协议。不这样做可能意味着你什么都得不到，尤其是在实行普通法的各州。请一位好的离婚律师，律师越好，赔付越大。

5. **不做蠢事**。法官和世人都在关注——尤其是你如果和某个非常富有的人结婚的话。从希瑟·米尔斯和安娜·妮科尔·史密斯那吸取教训，好好过日子吧。这可能意味着早点获得更多的赔付。

"偷窃"之路——但要合法 |

你有没有希望过你不用付出什么只是拿钱？你有没有希望过别人把你视做英雄，而其他人畏惧你？如果有，那么这就是你的道路。

在文学作品和神话故事中，小偷们经常都是侠盗——像罗宾汉（Robin Hood）和杰西·詹姆斯（Jesse James）那样——从富人手中偷取财富，再把这些钱财分发给贫穷的老百姓。即便这是发生在小说中的故事，但听起来也十分浪漫。但是等一等，你可以作为一名原告律师（PL）合法地偷窃并成为英雄——他们是当今的侠盗罗宾汉。在被好莱坞偶像化之后，原告律师们把自己标榜为为了无助者而战的宗教战士——为了拯救小人物而与邪恶的大企业开战——从那些广受报道的、出现在头版头条的、能引起观众情感共鸣的表演型审判中赢得巨额的奖赏。如果这听起来太过刺耳，那我向其他律师和法律专业的学生道歉，但我说的都是实话：大部分原告律师都具有一种能让打法律擦边球的、行为完美合法的本领。

其他律师在收入方面还算可以。绝大部分是为了这份说得过去的时薪（少部分有非常好的时薪），极其认真地做着相对无趣但必要的工作，像财产规划、合同或交易法、管理法或劳动法。一辈子的辛勤工作加上节俭的品质和说得过去的投资回报[①]，最后他们会积攒 200 万美元到 3 000 万美元的财富。但代价是什么呢？家庭生活受到困扰，因为大部分律师都是按照时薪收费，所以很多律师会不断地工作。只有通过合法"偷窃"才能挣到大钱——而这是原告律师的工作。

宗教战士还是海盗？

问题来了：这些人是宗教战士还是海盗？最初的宗教战士们为了从他们眼

---

① 参见第 10 章。

中的敌人手中夺回圣地，而离开舒适的欧洲城堡。原告律师们的目的是把恶人带到正义面前吗？他们是为了帮助可怜的小人物而与大公司开战吗？不，他们只是想办法赚钱而已。如果其他方式可以达成这个目的，那么他们将很少迈进法庭。

他们真正想要的是提出诉讼并在庭外和解——花钱解决问题然后一走了之，如果你能承受沉重的压力，那么这条路就是最适合你的一条。你也不必把自己想得那么坏，原告律师们永远确信他们自己就是宗教战士，并自我感觉很好。如果走上这条路的话，你也会变成这样。

但如果原告律师真的是捍卫真理和正义的宗教战士，那他们就不会敲诈别人。真正的宗教战士总是想通过审判的结论从案例中寻找正义，而原告律师是为了赚钱之后一走了之——并说服他们的目标多付钱，这说明他们根本就不是自己标榜的宗教战士。他们是在"偷窃"，这已经深入他们的骨髓！

这就是这条路中美妙的部分——社会中有偷窃癖好的人可以走这条路，合法地偷窃，挣一船的钱，同时为自己感到自豪。你也可以这样做。成为一个英雄！没有其他的路同时具备这条路上的所有特质，其他道路都是出于自愿的交易，只有这条路不是。

只是虚张声势！

如果你有过成为海盗的童年幻想，却并不想承担肉体上的风险，那么这条路将会让你得到所有的好处。你可以彻底地吓坏其他的人，可以像黑手党收保护费那样说服人们向你交钱。社会中的绝大多数人会将你视为有宗教精神的救星，而且你也认为你的对手都是咎由自取——像我即将描述的那样，如果你要正确地走这条路，就必须这样。而且这十分令人激动——你只需要虚张声势！有史以来最著名的一位原告律师——比尔·莱拉奇（Bill Lerach）［现在他以一名前科犯的身份在拉由拉市（La Jolla）过着无忧无虑的奢侈生活，细节将在之后讨论］曾公开地吹嘘，当他不再吓虎 CEO 的时候，他每天的主要运动就是喝苏格兰威士忌。[1] 干杯，哥们儿！

原告律师与在哪个学校读大学无关。忘记名校吧，他们的成功与学位无关。顶级的原告律师一般会从平庸的大学毕业，之后会进入并不出彩的法学院。事实上，你也不需要从极好的大学毕业，甚至不需要去上法学院，就能通过加利福尼亚州、缅因州、纽约州、佛蒙特州、弗吉尼亚州、华盛顿州特区和华盛顿州的律师考试。[2] 没有一个法学学位需要去敲诈、勒索、抢劫、劫掠和打劫。如果不是打劫，那拿钱走人模式的集体诉讼是什么意思？

原告律师的道路

如今法学院是一个很热门的选择，但是很多法学院的毕业生并没有成为律师！为什么？这再次说明，大多数法律都需要你度过数个令人筋疲力尽的小时。毕业生们会问："我真的想做这个吗？"但是，即使有这么多没有把法律作为职业的法学院毕业生，律师的数量也经历了令人难以置信的成长。1972 年，每 572 个美国人中有一名律师。2016 年，每 247 个美国人中就有一名律师。[3]我们需要这么多律师吗？不知道，但现在的竞争无疑十分激烈。我不会介绍如何成为一名普通的律师，像选一家法学院、申请、通过州内的律师考试，我甚至也不会介绍如何得到第一份工作。市面上有很多书介绍这些方面。不，这一章节和这条路不是教你如何成为一名普通律师，而是如何成为一名原告律师。但是考虑这件事以及成为原告律师为何会发大财之前，我们值得花些时间去看看为什么普通的律师一般不会变得超级有钱。

你从法学院毕业后，为一家大律师事务所工作，有可能被再细分到如下的业务领域：诉讼、财产规划、证券法和一般商法。不同的律师事务所有不同的专长，最大的事务所会倾向于覆盖所有业务范围，每一个业务领域都由一个或几个合伙人管理。刚刚从法学院毕业的人被称为执业律师。如果你真的非常优秀，在 7 年到 9 年后，他们会让你成为一名合伙人。如果不是的话，你可能就会离开。

2015 年，在美国收入排名前 20 的律师事务所中，执业律师的平均工资在 20 万美元以内，[4]这是第三年、第四年和第五年这一档执业律师的工资。记得吗？你首先要支付法学院的学费，因而可能负担着巨额的学校债务。你可能会承受着负的现金流，并忍受着前几年令人筋疲力尽的法律工作——臭名昭著的每周工作 80 个小时。只有这样，你的年薪才有可能达到 20 万美元——如果你能在高收入的事务所里达到中游水平的话。可如果你在中等收入的事务所里，并只能达到下游水平，那会是什么状态？很辛苦，而且竞争很激烈，因为那些人工作都很努力。

更糟糕的是，顶尖的事务所都在最大的、消费水平最高的城市里落户，而顶尖的律师们一般来说都不是那么节俭，但你作为一名普通律师，必须节俭并通过投资积累一笔财富。想想这个吧：所有律师年收入的中位数是 115 820 美元（这是 2016 年 9 月的数据），[5]比你想象得更少。没错，这包括了政府律师、慈善机构里的和为社会作贡献提供无偿服务的律师、没有客户的个体经营律师以及小城镇糟糕的律师事务所里第一年参加工作的执业律师。大部分律师挣不到这么多钱，即便是收入更高的律师也是按小时收费的。这并不会让律师们贫穷，但如果只有这些薪水，那么你必须存钱并明智地投资，这样到你退休时才可能拥有 200 万美元到 3 000 万美元。这是有可能的，但比起收入不错的人来说，如"更多人选择的致富之路"① 中所描写的那样，你的钱不多也不少。

> 成为一名律师是赚到不错收入的方法之一，但它不是通往致富的唯一之路。

成为律师事务所的合伙人才能赚到更多的钱，但这很难！平均需要花上 7 年到 9 年时间，而且只有少数执业律师才能做到这一点。很多事务所都有"要么升职，要么离开"这样的企业文化——如果你在第九年还没有成功当上合伙人，他们可以解雇你。但在前五年，77% 的执业律师当不上合伙人！[6] 而顶级事务所的成功概率更低。但是如果你成功了，你的薪水就会变得很不错。在排名前五的事务所里，合伙人的时薪达到了 1 500 美元或更多，每年的增长率都在 6% ~ 7%。[7]

我只是在给你展示法律界中大部分人清晰的生活状态，他们需要走"更多人选择的致富之路"，而且不会变得超级富有——如果和那个能让你变得超级富有的领域相比。

最富有的合法道路

作为律师，如果你想挣大钱，只有一条路——做原告律师，只处理民事案件或"侵权"制度。它们的数量十分庞大——2011 年，侵权成本达到了 2 650 亿美元，大概占美国 GDP 的 2%！[8]（是其他发达国家平均值的两倍。[9] 美国简直是原告律师的天堂！）其中，只有 22% 赔偿给了受害者们。原告律师们得到的比他们的客户们得到的还要多 50%，赚到了 2 650 亿美元的 33%！[10] 而这其中的一部分可以属于你。

其他的律师都是按照小时收费的。举个例子，你从你邻居的矮牵牛花上跑过，她起诉了你。你的辩护律师会根据小时数收费，而你邻居的原告律师则收取判决赔偿款的一部分——通常是 20% ~ 40%，再加上业务费用。假设他们让法官相信那些矮牵牛花极度稀少，损失已足够严重到判处罚款 1 000 万美元的裁决。原告律师可能能得到 350 万美元，再加上业务费用。在法律界，人人都成功情况下，没人能比原告律师们赚到更多的钱——没有人②。

下面的例子很恰当：已故的乔·加摩尔（2015 年他去世前，净资产为 15 亿美元）[11] 被冠以"侵权案件之王"的头衔——他是个传奇的原告律师。他赢

---

① 见第 10 章。
② 一个可能的例外是当新建公司的法律顾问，该公司随后变得极度繁荣，这样你可以以合作伙伴的身份发大财——参见第 3 章。

得了巨额的裁决款，有一笔竟然达到了 33 亿美元，他也因此得到了 4 亿美元的收入。[12] 那是个什么案件呢？谁在乎啊！那可是 4 亿美元啊！ ①

同样令人钦佩的是，一位客户在与商业卡车的一场车祸中落下瘫痪，加摩尔为这个客户赢得了 600 万美元。听起来很简单？可能是吧，但加摩尔在法庭上承认，他的客户在出车祸的时候喝醉了——彻彻底底地醉死了——他血液中的酒精含量达到了法定限量的三倍。但是，加摩尔让陪审团相信，虽然他的客户喝醉了，但他依然可以负责任地驾驶汽车，所以他并没有过错。[13] 这可需要极其出色的技巧，我的哥们儿！

侵权与恐惧

所以你该如何以原告律师的身份"偷窃"，挣大钱，在一些人的心中植入恐惧，与此同时在他人眼中看起来又像侠盗罗宾汉并让媒体赞美、崇拜你呢？首先，你需要一个能令人同情的客户。小孩儿、病人，都是很好的选择。致命性疾病也是极好的选择，如果是跟职业病有关或由大公司"制造的"就更好了。客户们不用真的生病。你可以以一个因为可能曝光在化学物质 X 前而死亡的人的名义发起一个巨大的集体诉讼案——虽然这个人过世前已经 89 岁了，但是化学物质 X 可能使他过早地死亡！以他的名义，你建立一个集体，里面都是那些可能会曝光在化学物质 X 前的人。接下来让化学物质 X 的制作者赔偿，因为这些人都有可能会死。

这种赔偿之所以能够实现，是因为大众对化学物质制作者的过失的谴责会有损公司的利益。为了及时止损，化学物质的制作者会选择停止纷争——给你钱，让你一走了之。他会先预估你能对公司造成损失的价值，然后支付这笔钱的一部分给你，再加上一部分预估的并不是无足轻重的诉讼费用，这笔钱是他们用来为自己辩护的。即便是小型的集体诉讼也会花上至少 200 万美元的辩护费用，并拖延被告至少两年时间，这一下子就把机会成本提升到了最高点！因此一般来讲，公司会把他们预估损失的一部分支付给你，让你离开。

> 如果你想合法发财，除通过这种方式外，没有其他更能赚钱的方式了。

你的诉讼主题应该很迷惑人，含糊不清，而且还包含了可能出乎意料的、没经过试验的、陈旧的法律。灰色地带最棒：复杂的化学物质，成因不甚明了的稀少的内科疾病，与工业厂房制品相关的癌症（像间皮瘤），导致发堕这样

---

① 好吧，其实是他曾代表鹏斯润滑油公司（Pennzoil）起诉德士古公司（Texaco），因为后者搞砸了前者 20 世纪 80 年代并购盖蒂石油公司（Getty Oil）的计划。

副作用的药物等。再用上高大上的、复杂的、晦涩难懂的专业词汇，这样陪审团可能就没法完全理解——当你要说"脱发"（hair loss）的时候，记得要用"发堕"（alopecia）这个词，这样听起来科学性更强。你的话越复杂、越晦涩，审判中陪审团可能就会越喜欢你。可能性是无穷的。跟工作相关的诉讼也很好，因为大企业的形象总是不好，而且美国各地的就业法通常都很模糊、灰色，各州与各州的法律也都不同。而且，你在各地都能找到令人同情的工人。

利用孩子更容易获得同情和支持！

利用生病的孩子被证明过很有效——朱莉娅·罗伯茨（Julia Roberts）在《永不妥协》（*Erin Brockovich*）这部电影里饰演了埃琳·布洛克维奇（Erin Brockovich），她因这一角色获得了奥斯卡奖，而这个角色就证明了这一不朽的观点。如果你看过这部电影，你会知道布洛克维奇小姐是个坚定勇敢的非律师人员，运气非常差，在一家不起眼的律师事务所里工作。她偶然发现了加利福尼亚州欣克利（Hinkley）市一些医疗方面怪事的规律，并对它进行了调查。就是这个埃琳！没有法律背景，没有经过调查方面的训练，但是她有毅力和勇气，以及……如果你看了电影，你就明白了。

她说服了她的老板去受理这个案子。请看看吧，邪恶的太平洋燃气与电力公司（Pacific Gas & Electric）故意在欣克利市的居民饮用水中倾倒了六价铬（晦涩的词汇，复杂的化学化合物），那里有些孩子患上了癌症（生病的孩子们！）为什么太平洋燃气与电力公司会做这样的事呢？在这部电影里，原因是他们知道欣克利的居民过于贫穷，过于无力，他们根本不可能反抗。这些居民真的很无力——直到他们遇见了布洛克维奇小姐和她的老板，他们两人才是真正的宗教战士！他们帮助当地居民在法庭上赢得了一大笔钱。然后布洛克维奇小姐就升了职，加了薪，得到了一辆新车，以及数不清的超短裤。万岁！事情就这样落幕了。

现实生活中，这个案子因私人仲裁而解决，并没有进入法庭的大门。如果他们真的是宗教战士，布洛克维奇小姐和她的老板就会上法庭要求法官审理这个案件。太平洋燃气与电力公司并没有承认任何罪行。我不是说太平洋燃气与电力公司无罪，也不是说那些孩子没有生病，我不知道真实情况。而绝大多数的科学家都说，六价铬如果像指控中那样被人摄入，对人体无毒，这种物质只会简简单单地通过人体然后排出。[14] 但是"事实"与"科学"并不是根本问题。这个案子的审理花了好多年时间，对公司股票产生了巨大的负面影响，使公司损失了很多客户和商业信誉。

太平洋燃气与电力公司支付了 3.33 亿美元才让那些人离开。具有讽刺意味的是，史蒂文·索德伯格（Steven Soderbergh）拍摄的虚构的电影给他们公司名誉造成的损失要大得多得多——加上那个案子，损失还会更大。注意：这是一只市值达到了 310 亿美元的股票，年销售额也达到了 150 亿美元。和解费用看起来很高，但是不和解很可能会造成更大的损失。为了在这样的案件审理中获得胜利，太平洋燃气与电力公司必须花上好多年时间。在这个过程中，它会被公开地拖进泥潭里。人们只会记得指控本身，而不会记得法庭最终安静地对被告下达的判决。那时就没有新闻了，什么都没发生可不是新闻。

但是对于布洛克维奇小姐和她的老板、你或者其他原告律师来说，那可是一个极好的发薪日。根据合同来看，他们能得到赔偿金额的 40% 以及 1 000 万美元的业务费用——总共 1.432 亿美元。不管是不是因为六价铬生病的，那里总是有生病的孩子呀。他们得到了什么？有书面医疗投诉报告并参与集体诉讼的成员也只是得到了 50 000 美元或 60 000 美元——当人正在承受癌症痛苦的时候，这笔钱可不多。[15] 剩下的钱去了哪里呢？集体诉讼成员似乎对这一点很困惑。[16] 但可以打赌，朱莉娅·罗伯茨并不在乎欺骗了大众，她扮演了一个典型的罗宾汉式角色，因为这一点美国人可是爱死了她。

> 令人困惑的诉讼主题，令人同情的客户，你已经成功了一半。

合法的替罪羊

当事情出现错误时，人们喜欢相互指责，这是人类的天性，无论在医疗方面、投资方面，还是爱情方面，人们都是这样。而替罪羊会帮我们处理这些问题，行为学家们把这称为后悔回避。原告律师们的成功，就建立在指责替罪羊的基础上。他们把替罪羊和随机的或非随机的悲剧（有些甚至不是悲剧）联系在一起。替罪羊为了让指责停下来，就会付钱给原告律师们。

前参议员、副总统与总统候选人约翰·爱德华兹（John Edwards）因真正把案子带到法庭去审判而成为传奇人物。他一次又一次地主张脑瘫的产生是可以彻底被避免的——因为他认为脑瘫是由于内科医生在孩子出生时的操作失误造成的。在一个著名的案子中，他让他年轻的委托人"附身"于他，当他向陪审团陈述案情时，仿佛他自己就是那个在自己母亲子宫里的小女孩，通过这种方式，他乞求陪审团做正确的事情——换言之，判他的客户胜诉。而陪审团也确实这样做了。爱德华兹的客户最终从医院手中得到了 275 万美元，从医生手中获得了 150 万美元——总计 425 万美元。[17] 他的成功催生出了一个迷你产业，你也许见过这则商业广告："如果你的孩子患上了脑瘫，可能是由于医疗操作不当造成的。你可以起诉！详情请致电杜威（Dewey）、查特姆（Cheatem）和豪（Howe）。"

脑瘫的案件都是完美的。这类案件卷入了备受折磨的孩子和尚不确知的疾病。一对佛罗里达的夫妻起诉了杰克逊维尔市海军医院，并获得了 1.5 亿美元的赔偿。[18] 但根据美国妇产科医师学会的说法，脑瘫很可能与基因、来自父母的传染病或者其他超过了医生可控范围的问题有关。[19] 当陪审团和媒体正在见证一出催人泪下的好戏时，你可以试试把这个事实告诉他们，看看自己的下场。

侵权行为只是敲诈的一部分

我们的侵权制度对小公司来说超级严苛。相对于它们的规模来看，法律辩护的费用和公共关系的伤害可能会压垮它们——这能让原告律师更加成功。小公司作为被告经常都会很怕死，也倾向于认输，所以，很多原告律师都会选择那些他们认为无法承受不投降后果的公司作为目标。当案件开始审理后，他们会私下要求被告们支付一笔钱然后一走了之。一般来说，被告们都会答应和解。和解费用一般都会包括在公司的保险里，这也让被告们更容易支付这笔钱。比起上法庭来说，付钱给原告律师然后一走了之要容易得多得多。

更妙的是，在这个过程中，有关和解费用的讨论根本不会被法庭采纳。被告不能对法官尖叫："但是他告诉我只要我支付 150 万美元，他就会放弃起诉我——这实在太恶心了。"这难道不好吗？法律会因为你原告律师的身份而保护你。

所以理想的情况是，你的目标要么是又大又明显——这样诉讼会使它们的名誉受损，流失股东和客户，就像埃琳·布洛克维奇做的那样，要么就是一些小公司，这样你可以轻易地获胜。

按正常的审判程序，有一个步骤中，被告可以例行公事地要求驳回诉讼，但法官几乎从不答应这一要求。作为一名原告律师，你可以从中获利。你可以得到更长的审判时间。法官认为自己应该正确判断，并完整地听取事件，这样他们才不会放过那些能造成真实损失的真正的案件。通过明智审慎地扮演自己的角色，法官可以降低自己作出的决定在随后的上诉中被推翻的概率。裁定被推翻可能是法官最讨厌的事情了，所以案件的审理会进行下去，而你也可以继续伤害被告，直到他们答应庭外和解。

一旦案件开始审理，不论被告最终胜诉与否，被告的损失都会与日俱增。这里，无罪推定是不存在的。被告从来不会真正地"获胜"。即使被告最终胜诉，案件的审理一般也会花上两年到四年的时间。被告轻轻松松就会花上 200 多万美元的诉讼费用，而大一点的案子，还要花得多得多。但是你作为一个原告律师，只会花上最低的成本——你的时间、路途旅行、专家证人、复印，还有付给文书工作人员的费用，这些钱不会那么多。每个月，他们都需要比你花出更多的钱。部分花销保险可能会负责，但是被告的辩护费用可不包含其中，除非他们允许他们的保险公司管理他们的辩护事宜，这意味着他们放弃了控制，也意味着随即而来的糟糕的法律事务。所以，你只需要简简单单地度过每个月，就已经可以向被告身上施加更大的压力了，而这也会驱使着被告付钱让你走人。事实上，让被告付给你钱，你立即消失，接下来是法官驳回被告的诉讼请求，你的目的就是这个，而这一目的你大概在四个月后就会达到。

如果被告坚持完成了审讯，这要么意味着他们自信没做任何事情，或者很强硬，[1] 但如果他们通过了整场审讯并最终胜诉，你依然可以要钱，这次少要一些，否则你就会告诉他们进行上诉。如果他们不给你钱，你就上诉。还可以继续要求他们付钱然后你就走人。自始至终，你所要做的就是用重拳击打他们。什么样的击打方式是最好的呢？

投媒体所好

原告律师们都会假装他们不需要媒体的报道，因为这样做会激怒法官，但他们其实经常需要媒体，而且在这条路上你需要尽你所能去利用媒体，尤其是当被告有你能伤害的品牌价值的时候——就像埃琳·布洛克维奇的案子那样。下面这个重要秘密在我们的文化中鲜为人知：原告律师是新闻记者最重要的新闻来源之一。[2]

在这条路上，媒体是你的伙伴，因为你有良好的土壤养育他们，好的土壤等于负面新闻，而负面新闻又有最好的销路。在这个过程中，媒体的宣传可以吓走被告的客户和潜在的客户，让被告更倾向于选择庭外和解。作为原告律师，在以引人注目的大公司作为被告的新的诉讼案件中，如果联系到了重要的商业记者，让他进行独家报道，那么我向你保证，你会得到温暖人心的接待。

我们的侵权制度就是为运作这一过程而建立的，而这一制度对你有利。被告有两个选择：战斗到最后，为了胜诉忍受损失和成本，而这些是他们永远也不能重新得到的；或者是付钱然后让你走人，这也是大部分人会选择的做法。

---

① 或者作为原告律师，你可能不理解他们做事的方式，认为他们不可能选择庭外和解（我们会在之后详细讨论这个问题）。

② 大部分的负面报道都来自于原告律师，而为了隐藏自己的"新闻来源"，也就是原告律师，新闻记者愿意做任何事情（再次提醒你法官很讨厌媒体介入）。在第一修正案的保护下（内容有关新闻出版等自由），他们可以这样做。

作为一个被告（一旦他们的公司超过了特定的规模，那么所有企业拥有者都可能成为被告，且不止一次，而这个所谓特定规模比你想象得要小得多），我尝试着理性地把这看做是商业成本。我的法律团队会分别考虑每个案件。但有时，作为被告，我们会用一种原告律师无法理解的方式看问题。举个例子：几年前，我们被一个总部在圣地亚哥的原告律师攻击，他企图用集体诉讼的方式攻击我的公司，他想通过一条令人不快的法律条款，主张我方有误导性广告，而法官说那条法律条款并不适用于这类诉讼。这次诉讼的目的是让我方退款给所有客户。我知道他们犯了致命性错误，我们应该能在法庭胜诉；我更坚信如果我选择付钱给他们让其一走了之，以回避成本损失和噩梦般的媒体的话，我公司的客户将永远不会相信我们没有做过任何错事。如果我们没有做过任何错事的话，为什么要接受庭外和解呢？

在这样涉及诚信问题的场合中——当我们知道自己是清白的，对方却依然主张我们误导客户——我的立场让我冷酷到不接受庭外和解，无论以任何价格、在任何场合都不接受。因为我们客户的声誉正处于危险中，而在我的地盘里，这是最重要的事。而且以我们的标准来看，这个原告律师并不是那么有威胁。所以，我们反击了——自始至终。最后我们胜诉了，但在整个过程中，那个原告律师一直在向我们要钱，他无法理解为什么我们就是不付钱。我的律师不断地给我带来他们的最新出价，而我也在不断地以最简单的信息回复他们：下地狱去吧，原告律师。

对于我来说，这几百万美元花得很值，而且包括我在内的高层人士，从主要工作中抽身出来去结束这次诉讼并胜诉，所花的时间也很值。我绝不会允许我们的客户看见我们为根本没做过的事情支付罚款，因为那会像绳子一样永远吊在我们的脖子上。那会有损我们的诚信！最开始，那个原告律师想要我们支付一大笔钱然后一走了之，而到了最后他几乎什么也不要了——随着时间逐渐拉长，钱的数量就像下楼梯一样下降。但是那个原告律师直到最后也没能理解，我们在任何情况下都不会交钱。如果你选择去走这条路，你会处理这样的案子，你最好能早点察觉到我们的立场。当被告坚决不付款时，请确保你能胜诉。然而在这种情况下，你一般不会胜诉，所以你应该立刻停止浪费你的时间。

对你更有利的事情

作为原告律师，另一个对你很有利的特点就是当你在处理一起极其令人恶心的诉讼并最终彻底搞砸了时——你可能起诉罗马教皇性骚扰儿童并挪用公款，而你根本没有任何证据，你还促使审讯进行到底，结果彻彻底底地失败了，而且在这个过程中你还破坏了最基础的庭审的规则，像对法官撒谎——对被告来说，他们依然很难收集这些不良影响并伤害到你。如果他们真就这样做了，对你造成的伤害会少得可怜，你原本就没有什么可以损失的东西。在我之前提到的案子里，我们彻彻底底地胜诉了，而原告律师犯了几个极其严重的错误。在几乎不可能的情况下，我们的确胜诉了，法院判决原告支付我们诉讼成本——这简直是少得不能再少的情况。但就算这样，我们得到的也只是令人失望的13 000 美元。而作为原告律师的你，损失的不只是金钱。

我也曾给原告律师付过两次钱，总共 500 万美元。每一次都因为卷入了对我公司的集体诉讼，他们宣称我们违反了加利福尼亚州的职工工资与工时法。这类诉讼像例行公事一样，而且不要为了辩护而辩护。我们什么都没有做错，但是关于这部分的雇用法实在是含糊不清。如果我们选择为自己辩护，而不是付款打发走他们，我们会花上更多的钱。而且，这类案件与影响客户看法的骗局无关，而与我们如何对待我们的员工有关，但我们的员工清清楚楚地了解我们的所作所为，所以他们对我们的看法并不会被这些愚蠢的主张所改变。

基本上所有加利福尼亚州的公司在达到一定规模后，都会遇到这类问题。在有些州，这只是商业成本之一[①]。原告律师根本不想进法庭，他只想要战利品。和解与战斗下去相比，成本要低得多，战斗下去不会带来任何的收益。对原告律师来说，花费很小的力气就赢得战利品是一件极好的也极容易的事。关键是你需要找出哪个公司足够大，刚好值得动手，大概公司拥有 500 名员工时正合适，这就像在大海上寻找一艘毫无防御力的装满宝藏的船一样，你要做的就是比其他人更快地发现这艘船。

寻找目标

除了那些能引起社会同情的客户（工人、孩子外），你还需要找到一个可能为你付款的目标公司，他们将愿意在你作出更多工作前答应与你和解。

制药公司

制药公司一般都是极好的目标。大一点的公司市值都极高，所以你可以要一大笔和解费用。对于令人同情的客户来说，制药公司可是一个完美的起诉对象，它们研究的课题复杂而且技术性很强，所以他们很容易被当成恶人。还记得默克集团（Merck）的万络（Vioxx）事件吗？万络是一种环氧化酶 –2 的抑制

---

① 参见第 9 章。

剂（复杂），是专门为那些有骨关节炎而且胃很敏感的人群研究的止痛剂——原来的设计是适合短期服用。但是进一步的测试（由默克集团做的）却显示出了其副作用：如果此药物的连续服用时间超过了 18 个月，心血管问题就会加重，所以默克集团立即把药物从货柜上下架。[20] 但是万络的设计根本不是为了长期服用，按理说完全不用担心，对不对？错了。如果新闻上发布了这一消息，默克集团的股票会暴跌，很快它的信用评级就会被评级机构拉低，因为评级机构担心起诉和赔偿。[21]

截至 2007 年 10 月，默克集团大约被卷入了 26 600 起诉讼案件。26 600 起！有些案件可能要花上好多年时间才能了结。根据最新统计，默克集团一共为大约 35 000 个原告付了款，至少交出了 60 亿美元，包括罚款、法院的判决费用以及和解费用。其中，9.5 亿美元于 2011 年进了联邦和州政府的腰包，剩下的钱绝大部分都被原告律师和原告拿走了。在最近一次以和解告终的案子中（就发生在 2016 年 1 月），默克集团支付了 8.3 亿美元以及律师费。[22] 评估机构说，在一切尘埃落定后，原告律师总共把大约 20 亿美元揣进了腰包。[23] 你能让你的客户引起社会上足够的同情吗？只有答案是肯定的，你才能从你那"恶棍般的"目标处收获一大笔钱。

烟草公司

当我还年轻时，我的父亲曾经教育我：过马路的时候朝两边都看看，另外，永远不要抽烟。从 1965 年起，卫生部部长就不断警告民众吸烟致癌。但是原告律师一直在寻找新的攻击角度，你也可以。毕竟烟草公司一向看起来很坏。

其他目标

石棉也是个很好的目标。与烟草相比，石棉可能是一棵更大的摇钱树。每年都有 50 000 到 75 000 起有关石棉的新的法律诉讼案件，而其中最多的——截至 2000 年底超过 60 万起——是由那些根本没有患上与石棉相关的疾病，而且也永远不会患上的原告提出的诉讼要求。[24] 作为原告律师，你干得好极了！

最近另一个很火的目标是疫苗制造商，有人断言他们因使用了一种含水银的防腐剂硫柳汞，造成了使用者的自闭症（复杂的化学制品—生病的孩子—大的制药公司）。自闭症患者数量上涨的真实原因，可能就是因为他们现在开始为自闭症患者做诊断了——大约在十几二十年以前，那些患儿还被称为"反应迟钝"或者"反应障碍"。不管怎样，现在这个行业可是热门的起诉对象。

如果你有媒体乐于讥讽的目标——如大企业、制药公司、烟草公司，那你的成功率就会大大提高。

你也可以加入起诉邻苯二甲酸酯的狂潮中！这种化学物质

能让塑料变得很柔韧，而且几乎不可毁灭，它被用于儿童玩具、静脉输液袋和其他医用器具中。绿色和平组织认定这种物质"有害"，加利福尼亚州颁布法令，宣布在全州境内禁用此物质。绿色和平组织更喜欢另一种替代的化合物，但这种化合物会让塑料更易碎，这就意味着孩子的玩具更容易碎成一地，而碎片的大小很容易堵住孩子们的呼吸道。我们很快就不用再靠邻苯二甲酸酯，而是靠涉及窒息的诉讼发大财了！不用在乎绿色和平组织创始人自己的想法，他认为邻苯二甲酸酯很好很安全。[25]因为这个问题非常复杂，人们基本念不对它的名字！

证券诉讼

最经典的做法就是起诉那些股价刚刚暴跌的公司。原告律师们先找到一个股东然后起诉他，指控他应该早点公开些什么，至少也应该以某种方法回避这次暴跌。这些话毫无意义，但却随处可见。媒体很喜欢这些话，因为这些话把公司形容得很邪恶，成为欺骗小股东的恶棍。

运作过程是这样的：× 公司的股价为 50 美元一股，总市值为 100 亿美元，但收益很糟糕。当新闻报道这件事之后，公司股价下跌了 20%，现在是 40 美元一股，总市值也随之蒸发了 20 亿美元。原告律师为了股东的利益起诉公司，要求支付整整 20 亿美元。× 公司同意以 6 亿美元的价格和解。原告律师获得了 2 亿美元。请注意：公司付给股东的钱却来自于股东，总和是零。唯一的区别是，有些原先的股东可能再也不是股东了，而有些新股东可能会买进。所有现在持有股票的股东都要为一些前股东的利益承担损失并付款，所以现在公司的股票价值甚至会变得更低，这就像是拆东墙补西墙一样。如果你曾经是而且现在也是股东，这就像是得到一小部分红利然后把 30% 付给原告律师当做中介费。这样的诉讼是非常常见的。

当原告律师成了罪犯

那么，合法的原告律师行为什么时候会变成不合法的呢？当你违反法律的时候。问问梅尔文·韦斯（Melvyn Weiss）和比尔·莱拉奇（就是那个天天喝苏格兰威士忌的）。在数十年间，没有任何词能比"米尔伯格·韦斯"（Milberg Weiss）这个名字更让 CEO 们的内心感到恐惧（可能"莱拉奇"这个词也能做到），米尔伯格·韦斯公司由梅尔文·韦斯 1965 年创立，他主张为那些被所谓的邪恶大公司的糟糕股票骗走毕生积蓄的蓝领工人而战。作为工人们的救星，米尔伯格·韦斯公司从那些为"被欺骗了的投资者"而建立的公司手中敛取了 450 多亿美元。这可是 450 亿美元啊！ 1976 年，比尔·莱拉奇也入伙找乐子了，在圣地亚哥开办了米尔伯格西部公司，并像韦斯一样令 CFO 感到恐惧。

他们最终在全国拥有了 200 多名律师——比任何竞争者的规模都大——这就是一个机器，最高峰的时候，他们每周都能解决一起新的诉讼，让公司的合伙人都赚了大钱。他们会对付任何人！有些公司被他们起诉了数次。90% 的案件都选择了庭外和解，结果是他们对任何庭内审讯案件都没有兴趣。[26] 莱拉奇因对 CEO 出言不逊而远近闻名。[27]

为了得到这些案子，你必须比其他原告律师更早地在法庭里提起上诉，这一步被称为赛跑着前往法院大楼。谁先上诉，谁就先得到案子。那么你怎么能确保你是第一名呢？韦斯和莱拉奇知道。每一个集体诉讼案件都需要一名首席原告——一个能体现典型损失的普通人。找到这样的一个人需要花些时间，这也会让你在通往法院大楼的赛跑中降低速度。所以，韦斯和莱拉奇建立了一个名单，上面包括了预先设计投诉的潜在人员。

你怎样才能预先得到原告和投诉呢？韦斯和莱拉奇指派他人买进数千只股票，每只股票都购进少量份额。一旦有一只股票暴跌，他们就直接前往法庭。一旦出现这个结果，那个被指派的人就会挣一笔钱，大概是律师获得的酬金的 7% ~ 15%，约能达到 100 万美元加上一次性费用支出。虽然这是违法的一项重罪，但他们仍然重复使用原告，一个人甚至用了 40 次。律师们经常会被问到是否给原告支付了额外的款项，而几十年来，韦斯和莱拉奇一直都在宣誓时说谎。那些明星原告们也一样。

新闻快报！股票市场动荡不定，有时它们会下跌，这也是买股票的风险。因正常的股市波动而处罚公司，这只是重新分配了利润，对股东和股票价格造成了伤害，并不会对平头百姓有所帮助。这就是敲诈而已，但是公司和解的目的只是为了让原告律师走人。[28]

2001 年，正式的调查开始了。你可能认为韦斯和莱拉奇会慢下脚步，不！他们的阴谋诡计继续执行下去——至少到 2005 年为止。总的来说，控方律师指控他们在 150 多起集体诉讼案中为原告支付了回扣。[29] 莱拉奇认罪，被判两年刑期以及 775 万美元的罚款。[30] 韦斯也认罪了，他承认了敲诈（像黑手党一样），被判了 33 个月的刑期以及 1 000 万美元的罚款。[31] 为了避免上法庭受审（很有趣，一个律师事务所对上法庭这件事竟然这么焦虑），公司支付了 7 500 万美元达成了庭外和解。[32] 尽管认罪并交了罚金，但比尔·"Scotch Arm".莱拉奇（Bill "Scotch Arm" Lerach）依然坚持他们的所作所为 "只是标准的行业惯例"。[33] 天呀！

在这条路上，或者说在其他任何一条路上，永远永远不要违法。即使你出狱后住进你的大别墅里，但你也不会希望自己像莱拉奇和韦斯一样被关进监狱，我会在下一章里详细讨论这件事，违法可不是闹着玩的。成为一名原告律师，你可以"偷窃"，但一定要以合法的方式。你可不要成为下一个莱拉奇。

再次声明，这两个重罪犯并没有服完刑期，基本上所有重罪犯刑期都不用服完。一个不完美的经验法则指出，罪犯们一般只用在监狱里度过既定刑期的1/3。莱拉奇和韦斯只在铁窗内度过了不足两年的时间。他们虽然被永久禁止进入法律界，但是他们已经很有钱——没有人知道他们到底有多少钱。还记得我在第 4 章说过的吗？娱乐明星并不像大众想象得那么有钱。我打赌，除了奥普拉以外，韦斯和莱拉奇比任何其他影视明星都有钱。现在，莱拉奇在他位于拉由拉市价值 2 400 万美元的海景别墅里，照顾着花园，观察着鸟类饲养场里的各种鸟类，聊以度日。[34] 虽然他们搞砸了一切，但他们的境况可不差。你可以从另一个角度来看这个问题：美国境内有成千上万的原告律师，他们都很乐意以一年左右的监狱时光，换取莱拉奇或韦斯资产的一部分，这样他们之后就能安静地在阳光下航海了。

你自己可不要成为下一个莱拉奇。

有利位置

原告律师们永远不会公开承认：成功很少与法律本身有关。无论民事案件、仲裁，甚至不具有约束力的调解，成功的关键在于你是否有能力让陪审团、法官、仲裁者和调解者相信你是一个好人。虽然法官不承认，但是一旦他或是陪审团认定了谁是好人谁是坏人，剩下的工作就是判决的细节与程度了。法律工作就是围绕人物判断展开的。一旦你让法官确信你是好人而其他人是坏人，那审讯就基本结束了。这就是为什么顶级的原告律师并不需要上顶级的法学院。这与调查、舞台表演并能读懂法官与演员想法的悟性有关，而与法律条款间的细微差别无关。胜利就是制定策略，创造出能说服法官与陪审团的形象，让他们确信，不管怎么说，你总归是好人，而你的对手是坏人。在一个原告律师占主导地位的世界里，这是件很讽刺的事情。

先机总是存在的。很多顶级的原告律师都属于律师核心集团（Inner Circle of Advocates）。如果你可以的话就参加这个集团吧，这可是一项荣誉[①]，他们只允许顶级收入的原告律师加入，只有 100 个会员名额。你够资格吗？

一般来说，申请会员身份的申请者应该至少有三次让法官作出了被告支付原告 100 多万美元的裁决，或在最近一则案件中，法官作出了被告支付原告 1 000 多万美元的裁决。[35]

---

① 你可以在 www.innercircle.org 这个网站上找到有关信息。

很显然，顶级原告律师的数量刚刚超过 100 人，因此很多著名的原告律师都不在这个榜单里。对，约翰·爱德华兹曾经是一名会员。而且现实中，女性会员只有 7 人。在这条路上，男人更善于到达顶端。但不管怎么说，这 100 个人都赚了大钱，而这些钱的一部分可能原本属于你。

法律读物

下面我介绍的这些书会教你说服别人的技巧与谈判技巧，它们对任何人都有帮助，而不只针对这条路上的原告律师们。

1. 里克·弗里德曼（Rick Friedman）和帕特里克·马龙（Patrick Malone）所著的《这条路上的规则：原告律师如何证明责任指南》（*Rules of the Road: A Plaintiff Lawyer's Guide to Proving Liability*）。两位作者都真正做过成功的原告律师，他们教给你的东西比你在法学院学的更有用。弗里德曼就是臭名昭著的律师核心集团中的一员。

2. 大卫·波尔（David Ball）所著的《剧院小贴士和陪审团审讯策略》（*Theater Tips and Strategies for Jury Trials*）。波尔教授把戏剧艺术转变成了首席法律顾问的职业背景。他把讲故事的艺术传授给了出庭辩护律师，目的是教会你激发陪审团的情绪，从而获得胜诉。

3. 大卫·波尔所著的《大卫·波尔论损失赔偿金》（*David Ball on Damages*）。这本书也是波尔教授所著，让你看清陪审员的大脑——他们如何思考，你必须做什么才能操控他们。这本书告诉大家，如何使他们确信你是一个好人而其他人是坏人。对于走这条路的人来说，这是一本必读书目。

4. 尼尔·费根森（Neal Feigenson）所著的《法律责任：陪审员如何思考并讨论意外》（*Legal Blame: How Jurors Think and Talk about Accidents*）。这本书和大卫·波尔的书主题相同，只不过是从心理学角度进行研究的。

 ## 合法"偷窃"指南

通常来说，你应该从大学和法学院毕业（虽然不是绝对的），你必须通过你所居住和／或工作的州内的法律考试。你会发现，从大学辍学的律师比 CEO 少多了。但是即便对于那些从糟糕的法学院毕业的人来说，这条路也能让他们成功。赚大钱与门弟无关。记住：你可能会很孤独！有些人会惧怕并讨厌你，然后回避你，但这是任何原告律师都会经历的事。

1. 选对类别。不是所有律师都能挣大钱的。为了挣大钱，你需要成为一名原告律师——一个骄傲的原告律师。

2. **考虑客户和目标**。下面是你所需要的：

a. **令人同情的客户**。那些看起来备受压迫、贫穷无力的人都能成为客户：病人、孩子、社会地位低的工人等。

b. **看起来不被人同情的目标**。你的目标必须很容易被粉饰成不被人同情的样子。大企业都是好目标——大的石油公司、烟草公司或者是制药公司，金融公司也可以，只要是那些看起来有钱的行业都行。小公司也可以成为目标，因为他们无力反击，负担不起费用，所以会很容易答应和解。考虑下规模吧。

c. **复杂的主题**。对那些可以轻易让陪审员糊涂的主题提起诉讼，这样你就能控制形象的好坏。接下来，事情就与事实无关了，陪审员喜欢谁才是最重要的事情。

3. **为了挣大钱，关注集体诉讼案**。对于大的集体诉讼案件，其和解费用的一部分也是一大笔钱。上一条规则也适用于这里——绝望无助的客户、有钱的大企业、复杂的主题。好好讲故事吧。

4. **养一条狗**。成为一名原告律师是一件很孤独的事情，有些人可能不喜欢你，你可能会树立很多敌人。养一条大狗吧，它能在你孤独的时候为你提供保护和爱。

玩别人的钱（OPM）
——大多数富人都这么做

喜欢教导人们该做什么吗？有钢铁般的意志吗？如果答案是肯定的，那么 OPM 可能很适合你。

这条致富之路靠的就是通过管理**来自他人的钱（OPM）**，而收取服务费——资金管理、私募股权、经纪业务、银行、保险等。进入这行容易，不需要有博士学位或者脑外科医生的头脑。这条路和其他致富之路也有许多交叉。利用 OPM 的人经常创建大公司[①]，并派生出非常富有的合作伙伴[②]。一些利用 OPM 的人最后成了英雄，还有一些人进了监狱——利益冲突很大。但是，一个好的靠 OPM 致富的人会同时让他的客户有效而合法地发财，自己致富的同时让他人变得富有，还有什么比这更幸福的呢？

OPM 对极其富有的人来说是最常选择的路径。你可能未必成为最富有的人，但大多数富豪是靠此致富的。2016 年《福布斯》400 强中有 93 人是通过这条路径致富的——是各分类中人数最多的一类。这条路上更多的人是 200 万美元至 5 000 万美元这一级别的富翁，他们通常只用几年时间就拥有了这些财富。

OPM 的基本职业规范

人们常认为他们必须先掌握金融知识，否则在这条路上不能成功。错！先学会推销再学会金融也许更好。通过观察其他人在这条致富之路上的行程，我明白了一条跟直觉相反的规则：

年轻人比年龄较大的人更擅长推销和沟通，而从某种程度上说，后者比前者更擅长学习金融。

---

① 见第 1 章。
② 见第 3 章。

从推销开始学起吧，后面总会有时间学金融和投资的。学习推销就像滑雪——开始越早，学得越快、越好。但是，学习分析投资就像学习招募人才一样——多年的实践经验能更易于提升你的判断力，时间有助于增强这种能力。

学会推销，其他问题迎刃而解。

年轻人开始时常想做热点问题研究员、投资分析家或者投资组合经理，经常幼稚地鄙视跟推销有关的任何事情，这样的年轻人几乎从未得到他们想要的结果。我对年轻人的忠告是：从打电话推销开始吧，然后再去做面对面推销，开始时推销简单的产品，继而推销更复杂的产品或服务。年轻时，推销能力增长得很快，但随着年龄的增长，轻松学会推销的能力会持续下降。四十多岁的人也能学会推销，但会更难，需要的时间更长，而且会感觉很别扭，就像滑雪一样！

产品知识不太重要——如果需要，你可以很快学会。30 年前，肯恩·柯斯科拉（Ken Koskella）在富兰克林资源公司（Franklin Resources）最早创建了销售和市场营销部门（他退休时很富有，现在在做喜剧脱口秀节目自娱——这个老派的生意人穿西装打领带，反倒取笑老派生意人有多么可笑）。他告诉我如果一个人真的懂得推销，那么即使把他扔到美国最偏远的乡镇上，一个星期内他也能谋生。

许多人认为他们不需要学销售——他们可以创建企业，招聘销售人员。在这条致富之路上，你自己如果不懂销售，就不能招募并管理好销售人员。这本书不是告诉你如何推销或管理销售人员（稍后我会列个书单），而是告诉你学好推销的原因之一，即只有会推销，你才能招募并管理好销售团队，对于许多致富之路来说这点很关键。事实是：比起那些雄心勃勃、号称什么都懂但又毫无技术的 23 岁的小青年来说，公司更需要销售人员。选择这条致富之路的年轻人应该学会推销——推销任何商品，20 多岁时学推销，然后开始卖金融产品，在此过程中自然能学会金融知识。30 出头时，重新给自己定位，开始探究金融分析及技术深度。届时，你的实践经验会为金融的学习提供帮助。

找到合适的公司

任何教会你推销的公司都是好公司。大公司会大量招人，是美林集团、JP摩根还是纽约人寿保险公司（New York Life）都没太大关系。参观、面谈、对话，然后选择一家在你学会销售之前不会逼得你想跳楼的公司，或者直接去一家精品公司——每个大城市都有这样的公司。这两种公司本质上不分好坏。大型金学习如何去销售，这是 OPM 中最重要的技能。

融公司通常直接从大学招聘毕业生或者没有实际经验的人——数量大，靠的是"试试看"，如果新人很快就表现不佳公司也不会在乎（当然，如果你专注于学习推销，那这个人就不会是你）。

如果情感上你想得到更多的关心，那么找家精品公司吧。但是，学会推销是关键所在。为此目的，你可以购买或借阅下列书籍，并不断练习书中所教的技巧：

■ 戴尔·卡耐基的《人性的弱点》（*How to Win Friends and Influence People*）

■ 韦恩·戴尔（Wayne Dyer）的《信任才会理解》（*You'll See It When You Believe It*）

■ 博恩·崔西（Brian Tracy）的《销售中的心理学》（*The Psychology of Selling*）

■ 约翰·麦克斯韦尔（John Maxwell）的《差异制造者》（*The Difference Maker*）

■ 罗莎贝丝·坎特（Rosabeth Kanter）的《信心》（*Confidence*）

■ 金克拉（Zig Ziglar）的《与你在巅峰相会》（*See You at the Top*）

■ 尼尔·雷克汉姆（Neil Rackham）的《销售巨人》（*Spin Selling*）

建立客户关系之前，你必须通过资格考试，考试都是按你销售的产品量身定做的。如果你努力学习的话，考试并不难，参加考试也不需要很高的学位。但是要注意：在许多大公司，如果你第一次不能通过考试，那就只好离职。

接下来开始销售产品了。如果你不能卖掉商品，那么很快你就要走人。大多数公司都有定期考核指标，每月你必须带来大约 50 万美元的新客户资产，如果做不到这一点，你只好另谋出路了。这不是让你泄气，而是强调学会推销的重要性。你可能是一名超级的市场预测人员，但如果没有客户找你，那你就选择另一条路吧。你的公司应该提供给你潜在客户的名单，接下来就看你的本领了。

OPM 致富的步骤

接下来要弄清楚你要成为哪类 OPM 从业人员。有两类 OPM 类型的人：收取佣金型和按规模收费型，二者的区别在于收费方式及销售内容的不同。

收取佣金型的 OPM 从业人员，像股票和保险经纪人，他们销售产品（如股票、债券、共同基金甚至保险产品），获取佣金，你的收入与销售产品的数量挂钩。比如，客户有 100 万美元，你卖给他股票，他付你 1% 的佣金，你的收入是 1 万美元。你不断地寻找客户，不断地向他销售产品，你的收入也就源源不断地增加。

佣金收取型基本的业务模式是这样的：（1）找到客户。（2）向客户推销产品。（3）收取佣金。

你的收入取决于正销售的产品，你想赚 25 万美元的薪水吗？那么按 1% 的佣金费率，你必须销售 2 500 万美元的产品。那么怎样才能做到呢？你需要找到 100 位客户，每个客户从你这购买 25 万美元的产品；或者找到 50 位客户，每个客户购买 50 万美元的产品。你来决定吧。有什么问题吗？除非你让你的客户卖出你之前卖给他们的产品，并且让他们买些新产品，否则下一年你就需要另找一批新客户。你的时间都花费在寻找客户上，如果你是一个很不错的猎人，那没问题！这就是收取佣金型的业务模式。

按规模收费型的从业人员，像投资顾问、资金管理人或者对冲基金，他们提供服务，并按客户所投入资产的一定百分比收取费用。假定你现在有 100 个客户，每个客户投资 25 万美元请你管理，你每年按 1.25% 的收费比率收费（这是典型的按规模收费型顾问的收费标准），那么只要客户能够留住的话，你一年的收入就是 312 500 美元。客户的资产增长得越快，你收的费用就越多。如果你能留住客户，市场又很给力，那么下一年你赚的会更多！但是如果客户资产缩水了，你赚的钱就会大幅减少。按规模收费型基本的业务模式是：（1）找到客户。（2）留住客户。（3）为客户赚到更高的投资回报。

你的收入取决于以下因素：你吸收了多少客户的资产、你是否留住了客户以及你（你的公司）为客户赚了多少投资回报。

几十年前，我是从按规模收费型业务开始创业的，这种模式简单而又吸引人。如果扣除终止合约的客户，我每年按照 X% 的速度增加客户，而客户的资产回报按 Y% 的速度增长，那么我公司的业务规模就会按每年（X%+Y%）的速度增长。因此，如果客户新投入的净资产每年的增加速度是 15%，客户的资产回报每年的增长速度也是 15%，那么公司业务规模每年的增长速度就是 30%，增长速度真是火爆。这种 OPM 模式之所以具有这么大的吸引力，是因为将 Y% 引入了公式（X%+Y%）中。过去 35 年，我公司的年均增长速度刚好超过 30%。不管什么业务，在不把股权出售给外部人的情况下，25 年来年均增长速度如果能达到 30% 的话，那么按任何人的标准，你都会非常富有。

> 选择你的业务模式——收取佣金型或按规模收费型。

给业务估值

到底是收取佣金型的业务还是按规模收费型的业务适合你呢？作决定前，先从企业主的角度考虑问题。你可以按下列步骤从多个角度评估不同业务的价值：

1. 登录 Morningstar.com。

2. 搜寻任意一只股票——像杰纳斯资本集团（Janus Capital，按规模收费型）一样的共同基金或者像美林公司一样的证券经纪人（收取佣金型）。

3. 点击左侧一栏的"snapshot"按键。

4 点击上方的"同业"（"industry peers"）按键。注意：一家公司是否被归为同业，取决于 Morningstar，因此有时分类结果很不靠谱。例如，美林公司的同业不仅包括高盛和摩根士丹利（其他经纪人），而且也包括纽约泛欧证券交易所和纳斯达克股票市场（交易所）。不要理这些交易所。

5. 列出相似的公司。

6. 将每家公司的总价值（市值）除以销售收入，得到一个比率。

7. 比较各个比率的高低。

我举了这个例子作示范，你也可以任选一只股票试试看。表 7.1 给出了按规模收费型共同基金的分析结果。大多数基金的市值/销售收入这一比率都是 2 ～ 5，只有美盛集团和黑岩集团的比率异常。因此，市场认为这些公司的价值是年销售收入的 2 ～ 5 倍。

表 7.1　共同基金市值与销售收入

公司	市值（百万美元）	销售收入（百万美元）	市值/销售收入
黑岩集团（Black Rock）	59 318	11 401	5.2
纽约银行梅隆公司（Bank of New York Mellon）	45 269	15 194	2.9
道富银行（State Street）	24 892	10 360	2.4
富兰克林资源公司（Franklin Resources）	21 660	7 949	2.7
普信集团公司（T. Rowe Price）	19 027	4 201	4.5
景顺资产管理公司（Invesco）	12 976	5 123	2.5
伊顿万斯公司（Eaton Vance）	4 181	1 404	3.0
美盛集团（Legg Mason）	3 557	2 661	1.3
杰纳斯资本集团（Janus Capital）	2 754	1 076	2.6

资料来源：2016 年 6 月 2 日 Morningstar.com。[1]

表 7.2 列出了收取佣金型的经纪公司的分析结果。特别要注意的是比率更低，许多低于 2！而嘉信理财和宏达理财的比率异常（嘉信理财共同基金业务量巨大，而且是按业务规模收费型和收取佣金型两种模式的混合）。市场认为，收取佣金型的销售收入的每一元价值只是按业务规模收费型的一半。那么它有什么优

势呢？那就是即使是中等规模的经纪公司，其规模也要比几乎所有的资金管理公司的规模大。收取佣金型的业务规模大很多，但是却不值钱，这就是你需要权衡的——你更看重业务还是更看重价值（注意：贝尔斯登公司 2008 年崩盘之前，盈利情况仍和其同业一样）。

表 7.2 共同基金市值与销售收入

公司	市值（百万美元）	销售收入（百万美元）	市值 / 销售收入
高盛集团 （Goldman Sachs Group）	66 139	39 208	1.7
摩根士丹利（Morgan Stanley）	53 113	37 897	1.4
嘉信理财（Charles Schwab）	39 848	6 501	6.1
宏达理财（TD Ameritrade）	16 876	3 427	5.2
瑞杰金融集团 （Raymond James）	7 710	5 308	1.5
亿创理财（E*Trade）	7 628	1 557	4.9
瑞德集团（Lazard）	4 500	2 405	1.9

资料来源：2016 年 6 月 2 日 Morningstar.com。[2]

保险公司的情况与之相似（见表 7.3）——比起经纪公司，其更依赖收取佣金。因保险公司的市值 / 销售收入比率更低，故其价值低于经纪公司的价值，但是潜在业务量非常巨大。表 7.3 中较小型保险公司的总业务量比许多共同基金还要多。

表 7.3 保险公司市值与销售收入

公司	市值（百万美元）	销售收入（100 万美元）	市值 / 销售收入
美国国际集团（AIG）	64 624	58 327	1.1
安达保险公司（Chubb Ltd.）	58 696	18 987	3.1
大都会人寿保险有限公司 （MetLife）	79 527	69 951	0.7
保德信金融公司 （Prudential Financial）	34 683	57 119	0.6
旅行者集团（Travelers）	33 216	26 800	1.2
美国家庭人寿保险公司（Aflac）	28 639	20 872	1.4
好事达保险公司（Allstate）	25 273	35 653	0.7
信安金融集团 （Principal Financial）	12 765	11 964	1.1
林肯国民集团 （Lincoln National）	10 819	13 572	0.8

资料来源：2016 年 6 月 2 日 Morningstar.com。[3]

注意：大型保险公司历史比大多数经纪公司要悠久，比资金管理公司也要悠久。因此，需要权衡业务的规模、收入的价值及公司持续经营的期限。你需要从 OPM 创始人兼 CEO 的角度思考问题。如果一家合法的公司最多只能有 10 亿美元的年收入，那么应更倾向于选择按业务规模收费型的模式——企业价值会高得多。按业务规模收费型模式下的一点小成绩，就意味着很多很多的财富。

这不是要贬低保险业和经纪业——这两个行业已经创造了很多超级富翁。有些人认为沃伦·巴菲特是一个投资人，但他其实只是保险公司的 CEO。伯克希尔·哈撒韦公司的收入大部分来自于保险业务，但巴菲特的不寻常之处在于——像巴菲特的合作伙伴查理·芒格一样，大多数保险公司 OPM 从业人员也都有 10 亿美元。威廉·伯克利（William Berkeley）创建了一家同名的保险公司，净资产达 13 亿美元。[4]20 世纪 60 年代早期，乔治·约瑟夫（George Joseph）挨家挨户卖保险，当时他注意到汽车保险公司没有好好地筛查驾驶员的安全性，因此为了把这项业务做得更好，他创建了 Mercury General（他 95 岁了仍然在工作，净资产 15 亿美元）。[5]帕特里克·瑞恩（Patrick Ryan，净资产 240 亿美元）创办的公司后来成了美国最大的再保险经纪公司怡安集团（AON）。[6]除了巴菲特之外，他们都比不上按业务规模收费制造出的富豪——如表 7.4 所列的前 15 大富豪。

表 7.4　按业务规模收费的 OPM 从业富豪

名字	成名事项	净资产（10 亿美元）
乔治·索罗斯（George Soros）	经营多种对冲基金及狙击英镑	24.9
詹姆斯·西蒙斯（James Simons）	对冲基金	16.5
雷·达里奥（Ray Dalio）	对冲基金	15.9
卡尔·伊坎（Carl Icahn）	同名公司及当红博主	15.7
阿比盖尔·约翰逊（Abigail Johnson）	富达投资集团	13.2
史蒂夫·科恩（Steve Cohen）	对冲基金及不擅服从	13
大卫·泰珀（David Tepper）	阿帕卢萨资产管理公司（Appaloosa Management）	11.4
斯蒂芬·施瓦茨曼（Stephen Schwarzman）	黑石集团	10.3
约翰·保尔森（John Paulson）	对冲基金	8.6
肯·格里芬（Ken Griffin）	对冲基金	7.5

续表

名字	成名事项	净资产（10 亿美元）
爱德华·约翰逊三世 （Edward Johnson III）	富达投资集团	7.1
查尔斯·施瓦布（Charles Schwab）	同名公司	6.6
约翰·格里坎（John Grayken）	孤星基金（Lone Star Funds）	6.5
布鲁斯·科夫那 （Bruce Kovner）	对冲基金及大键琴	5.3
伊斯瑞尔·英格兰德 （Israel Englander）	千年管理公司 （Millennium Management）	5

资料来源：《福布斯》400 强，《福布斯》，2016-10-06。

除了查尔斯·施瓦布外，桑迪·威尔（Sandy Weill，净资产 11 亿美元）的财富也来自于收取佣金型的经纪业务。[7]但是他是逐渐干起这行的，最初，他只是一个经纪公司的 CEO，当时业务也做得极好。后来他收购了保险公司——旅行者，随后又与花旗银行合并，成为花旗集团。他的主要财富来自于在花旗银行做 CEO 的收入[①]，而不是来自于保险业或经纪业。

作为一个按业务规模收费的 OPM 创始人兼 CEO，我不是很成功，还无法进入前 15 名富豪之列。但是我的小公司净资产也高达 35 亿美元，我自己做得还不错，除巴菲特之外，在保险业和其他任何人不相上下。这是按业务规模收费模式的一大魅力。要想成为巨富，你的规模不必太大。

当然，经纪业务也非常赚钱。詹姆斯·P. 戈尔曼（James P. Gorman），摩根士丹利的 CEO，2015 年的收入高达 2 210 万美元。高盛的劳尔德·C. 贝兰克梵（Lloyd C. Blankfein）收入也达 2 260 万美元。第一版中他们二人的收入没有这么高，那时可是 2008 年危机前的大好时期。可能还需要很多年的时间，经纪业务执行官的年收入才能达到前宏达理财 CEO（以及独立足球队 Coastal Carolina Chanticleers 的现任总教练）乔·莫格利亚（Joe Moglia）2007 年高达 6 230 万美元的收入，或者雷曼兄弟的替罪羊迪克·富尔德（Dick Fuld）高达 5 170 万美元的收入。不管怎么说，2 200 多万美元都不是一个小数目，美国银行美林证券的布莱恩·莫尼翰（Brian Moynihan）1 380 万美元的收入也不是一笔小钱。[8]要想成为巨富，按业务规模收费的模式是最佳选择。但如果你想积累到 200 万美元到 5 000 万美元，那么任何一种 OPM 模式都可以。

---

① 见第 2 章。

对冲业务

你喜欢高风险高收益吗？你是个与众不同的人吗？你喜欢高额服务费吗？如果答案是肯定的，那就设立一只对冲基金吧。对冲基金以"2+20"模式著称，因为他们对所管理的资产每年收取 2% 的管理费，即如果交给他们管理 100 万美元，他们每年的收费是 20 000 美元，另外还要加上每年投资回报的 20%！如果你有本事、运气好，或者二者兼有，那么你的财富会快速增长。

举个例子：你看中一只在未来五年可能跑赢市场的股票——也许是大型股、能源股或医院股。你下了大赌注。按照"2+20"的模式，你管理着 1 亿美元。假定你下的赌注五年中每年的平均回报率达到了 20%：

■ 第一年结束时，你的 1 亿美元变成了 1.2 亿美元。你提取 2%（240 万美元）的服务费，外加 2 000 万美元投资回报的 20%（400 万美元）——640 万美元的总收益。

■ 第二年开始时，扣掉管理费，资产总额现在是 1.136 亿美元。假设投资回报率还是 20%，还是按"2+20"模式提取管理费——727 万美元的总收益。

■ 第五年时，总收益超过 1 060 万美元。

五年间，你获得的全部管理费接近 4 200 万美元！这还只是按初始资产额提取的。如果你的投资能有高回报率，那么更多的客户会交给你更多的资产让你管理。

现在，假定你是个正常的按业务规模收费的资金管理人，也看中了同样的一只股票——五年中资产每年也按 20% 的比率增长，但是你每年只收取所管理资产的 1.25% 的费用：

■ 第一年结束时，你的 1 亿美元变成了 1.2 亿美元。提取 1.25% 的管理费——150 万美元。也不差，但却不如 640 万美元。

■ 第二年开始时，扣除管理费，资产总额现在是 1.185 亿美元。假设投资回报率还是 20%，提取 1.25% 的管理费——178 万美元。

■ 第五年时，总收益是 296 万美元。

五年后，你获得的全部管理费是 1 080 万美元——很不错，但远远低于 4 200 万美元。当然，因为你对管理他们的资金提取的费用较低，故而你的客户获益较多。但是，对冲基金经理会想："为什么不冒更高的风险，获得更高的回报呢？"如果你操作正确，那么 20% 的"附带收益"非常可观。如果你操作错误，你仍然可以按资产数额每年收取 2% 的管理费。不可思议的是，如果你操作错误，你也不需要承担损失的 20%！当然，如果你操作失败，受损的是客户。

对冲基金经理为了获得高收益，必须承担高风险，因为较小的风险就意味着较低的收益。

对冲基金不是新生事物，只是再度流行起来而已！1940 年以前，骗子会创设两只基金。对于其中一只基金，他们会说服一半的客户 XYZ 的股票价格要上涨，买进 XYZ 股票。对于另一只基金，他们会说服客户 XYZ 的股票价格要下跌，卖空 XYZ 股票（即借股票，卖出，希望价格下跌，然后低价买回，赚取差价，并偿还借入的股票）。两组客户互不相识，只要 XYZ 的股价波动，这两只基金就可以赚到波动幅度 10% 的利润。遭受损失的客户会辞掉骗子，不再联系。赚钱的客户不知道这是个骗局，还会给骗子更多资金进行下一次交易。1940 年，《投资公司法案》和《投资顾问法案》出台后，这种骗局才彻底消失。

但是，你可以单边下注，撞撞大运，一举成功或卷铺盖回家。如果运气不好，你很快就会选择另一条路。如果你运气好，我保证：很少有人认为这只是运气问题。你也不会这样认为的。顶级的对冲基金经理不只是凭运气——他们技术超常。一举成功的对冲基金很少，大部分最终都是卷铺盖走人。这个舞台会闪现轰动一时的成功，但大多数对冲基金都很快偃旗息鼓。能挺过两年的对冲基金很少，因为他们的投资人会随时赎回并退出市场。我认识一些做对冲基金的人，只有两人坚持了很久。这一行风险很大，以你的事业做赌毕竟是令人惊心动魄，吉姆·克莱姆就是因为这个原因退出这一行的。我看到一些人顺利经营几年后，突然事业急转直下，最终一无所有。

对冲业务实例

对冲基金通常针对几个特定类别的产品进行操作，如可转债套利、困境证券、多 / 空股票、市场中性及更多产品。投资者可以购买多种类别的产品，进行分散化投资[①]。

做对冲基金业务这一行的招聘方式各不相同。要想干这行，可以到处试试——打散枪风格！到谷歌上一搜，会找到数以千计对冲基金公司的名字。大多数基金公司不雇人，因为大多数只是一人公司，管理着 1 000 万~4 000 万美元资金，自己在家就可以操盘。但是如果你继续找找看，就会找到那些雇人的公司——它们一定是规模较大的公司。

没有安全性可言，因为一只基金会很快清盘。除非你是创始人兼 CEO 或者

[①] 但投资者分散化投资回报难免较差，因为你不可能分散化投资、支付巨额管理费后，还能收益颇丰——见第 10 章与节俭有关的这部分内容。

是合作伙伴，否则我并不赞成把它作为长期的职业。但对冲基金业是一个学习并动手实践的好地方。工作几年，学习他们的操作技巧，弄清情况，之后你就可以创建你自己的公司了。

对冲基金受到的监管宽松，因此设立基金很容易。能提供对冲基金设立事项服务的律师事务所，如旧金山的 Shartsis Friese 会帮你办理设立对冲基金的法律事宜，帮你学会相关规则，这些就像做爆米花一样容易做到[①]。

接下来——你可能讨厌这一步——是推销基金、寻找投资客户。对冲基金的操作策略大体相同，因此要注意律师事务所提醒你允许与禁止的规则，找到你认为能带来预期收益的策略，押上全部，干吧。

人们常认为先找到一个大的主要投资人，就可以创设自己的基金了。假定你是美林证券的经纪人，所有客户的总资产是 1 亿美元。其中，最大的客户资产是 4 000 万美元，你花费了大量时间为其服务，服务的效果也不错。人们常认为从这个大客户这里赚到的钱不比从其他地方赚到的少，那他们就可以设立对冲基金了。因此，你辞掉了工作，设立了自己的对冲基金，这个大客户就是你的主要投资人，以其为基础再去发展其他的客户。

整个程序就是这么简单：（1）找到能带来高收益的策略。（2）找到愿意下大本钱、支持你的客户。（3）遵守相关法律。（4）按"2+20"模式收费。

近年来，最成功的年轻对冲基金经理可能就数肯·格里芬（Ken Griffin）了。他现年 46 岁，净资产 75 亿美元，[9]1990 年他按照典型的对冲基金模式，创建了 Citadel Investment Group。如今，他在多种投资类别中都有专业团队，他们对微小的潜在收益都会下大赌注，靠高杠杆获取高收益。他是个非常了不起的人，因为大多数效仿他所采取的投资策略的基金经理不只是失败了——他们输得很惨。

即使你成功了，你的将来也不稳定。当亚历克斯·布罗克曼（Alex Brockmann）还是个小男孩时，他的父亲就介绍我认识了他——他为人非常和善，非常聪明。亚历克斯为肯·格里芬工作，买卖拉美主权债务，做得很成功，薪水丰厚。2007 年，因为他正确的操作为公司赚了大钱，格里芬高兴地支付了他高额薪金。现在他在 TradeLink Capital 公司管理着一只管理型期货基金，2015 年业绩战胜同行。但是亚历克斯明白：成也萧何，败也萧何。亚历克斯还明白，2016 年如果业务进展不好，2017 年他可能就不在公司了。

---

① 想了解律师事务所关于对冲基金的更多法律事务，请登录网址：http://bestlawfirms.usnews.com/search.aspx?practice_area_id=33&page-1。

我上面举的第一个例子中，操盘手没什么技术，只是撞大运。而肯·格里芬当然是有技术的。回头看看按业务规模收费的 OPM 从业人员，那些著名的对冲基金经理（索罗斯、科恩、科夫那、西蒙斯）之所以能赚大钱，是因为他们承担了高风险才获得了很高的管理费。这需要坚韧不拔的品格，对此艾迪·兰伯特（Eddie Lampert）深有体会。兰伯特现有的净资产只有 23 亿美元，但他还年轻，之后能赚更多。他以眼光敏锐著称，2002 年他以甩卖价格购得了凯马特（Kmart）——美国第三大折扣商店——大多数人认为这注定会损失惨重。但凯马特却扭转了局势，为兰伯特的 ESL 基金赚取了巨额回报[10]（这是：冒高风险取得高收益的又一例子）。现在，他努力想办法解决西尔斯公司（Sears）的问题，这家公司 2005 年已与凯马特合并。

他差点错失了这次机会。一天晚上，刚刚买到凯马特之后，兰伯特下班走向他的汽车时，被四个持枪的男子绑架了。他被蒙住了双眼，捆住了手脚，并被扔进了一辆 SUV 车中。他被囚禁在一家肮脏的汽车旅馆浴缸中整整两天。兰伯特以为他们会杀掉他，但他还是很冷静。他观察到绑匪很慌乱。起初，他们宣称他们是别人花了 500 万美元雇来杀他的，[11]继而又说他们绑架他是为了要得到 100 万美元的赎金。[12]他们手持武器，令人恐惧——但他们很年轻，而且很紧张。显然，绑匪们并没有什么精心的策划，他们只是从谷歌上搜当地有钱人的时候找到了兰伯特。[13]

兰伯特极力与绑匪们周旋，无论别人提供给他们什么样的条件，他都会出价更高。他宣称他们应该放了他，因为只有他才能开出大额的赎金支票。他听到绑匪们订披萨的时候，他知道机会来了——他们是用兰伯特的信用卡订的餐！他说，他的信用卡还在使用，警察对此会很警觉。而避免坐牢的唯一办法就是放他走——现在就放——之后他们赶快逃掉。兰伯特提醒绑匪，他不会认出他们——他们给他除掉眼罩，提供给他唯一一餐食物时，他聪明地转移开了视线，不看他们。[14]星期天早晨，他们把兰伯特扔在离家几英里远的高速公路上，直到他们离开，兰伯特都还很害怕他们会杀掉他。兰伯特走到了康涅狄格州格林威治镇的警察局，几天后警察抓到了绑匪。[15]兰伯特本应该很恐慌或者是放弃机会，但是他一直保持冷静，关注周围的一切，尝试创新性的方法来脱身。坚强、冷静、镇定！在对冲基金领域获得成功必须具备这些品质，你也这么坚强吗？

私募股权的巨额收益

私募股权类似于对冲基金，也是采取"2+20"收费方案。私募股权基金收购陷入困境的上市公司，想办法解决它们的问题，随后再卖掉这些公司获利。

这些业务通常被称为杠杆收购。收购方收购公司后，可以带来新的管理经验，撤销亏损的部门，为盈利的部门提供资金，公司也许以后会以更高的价格再次上市。收购得对，就会非常盈利。因此，要做到能盈利，一是要知道如何借到便宜的资金；二是要具备识别存在问题公司的能力，这样才能低价购买公司，因为没人能看见公司潜在的收益，但是比起收购过程中产生的利息成本来说，公司存在的问题可以想办法解决掉，收益也就可以提高到很可观的水平。

近些年发生了创纪录的收购行为，结果是私募股权公司合伙人赚了巨资。Kravis, Kohlberg and Roberts 公司（KKR）2010 年上市，此后，公司就一直忙于赚钱。共同合伙人杰罗姆·科尔博格（Jerome Kohlberg）2015 年去世，但是另两位共同合伙人亨利·克拉维斯（Henry Kravis）和乔治·罗伯茨（George Roberts）却一直留在公司工作，每人拥有 45 亿美元的净资产。另一组利用了天时的人是凯雷集团（Carlyle Group）的创始人——小威廉·康威（William Conway Jr., 净资产 24 亿美元）、丹尼尔·丹涅洛（Daniel D'Aniello, 净资产 24 亿美元）和大卫·鲁宾斯坦（David Rubenstein, 净资产 24 亿美元）。[16]

企业狩猎者带来了更美好的世界

媒体把这些 OPM 从业人员描绘成贪婪的家伙，但是为什么会这样呢？因为交易达成时，股票价格会大幅上升。这是资本主义的达尔文主义。我们都会从不断提高的效率、劳动生产率和创新中获益，但是交易成交后，我们却并不总能得到一个更好的公司。尽管事情可能做错，但是收购人最好收购成功，否则他们会成为历史。业绩平平的上市公司的 CEO 不愿意被收购（因为他们会因此失业），但是他们知道他们最好有所改进，否则也会成为历史。所有这些，都为公司劳动生产率的提高增加了激励因素，使雇员、股东、客户人人受益。

时下流行一种现象，讽刺这些 OPM 从业人员的高额收入（如果媒体聚焦在某组人的收入上，那你就找对了致富之路）。克拉维斯先生意外地发现他是某一纪录片中的主角——《贪婪的战争：亨利·克拉维斯的家庭生活》（The War on Greed: Starring the Homes of Henry Kravis）——"轻松"透视"过度的"私募股权。这部片子在详细介绍克拉维斯的收入时，还将克拉维斯先生的家和"普通人"朴素的土坯房放在一起进行比较。

克拉维斯先生是富豪——没有犯罪所得 ①。影片的导演罗伯特·格林沃尔德

---

① 如果你认为财富就是犯罪的话，那你需要读完全不同的书籍。可以读读米尔顿·弗里德曼（Milton Friedman）的《自由选择》（Free to Choose）。

说："我看到这些家伙赚的钱的数目了，我真的不能相信。我想他们有什么问题。我是个纽约人，平均主义的想法已经深深植根于我们许多人的内心。"[17] 像格林沃尔德这些持反对意见的人视高收入为"不公平"，他们的观点当下一度流行，占领华尔街运动的人和政治家对此夹道声援。如果这些家伙一直想"公平"，他们应该看看古巴或者委内瑞拉，2015 年"公平"导致了世界上最著名的卫生纸短缺。只在这些公司工作也是个不错的职业，公司有许多亚历克斯·布罗克曼式的人——许多富有的合作伙伴[①]，以及那些踏上了更多人选择的致富之路、只赚高薪水的人[②]。

不要违法

在凭借 OPM 致富这条路上，致富而又从来不违法至关重要，OPM 从业人员有时会忘记这一点。骗子可能会变成有钱人，但是他们都守不住财富。一些 OPM 从业人员合法致富后，开始行骗；还有一些干脆就是凭骗术赚钱的。不管哪种方式，他们都不会一直保持富有。这不只是不合法和不道德的问题，事情本身就很糟糕。问问伯尼·麦道夫（Bernie Madoff）就明白了，2009 年他因美国历史上最大的金融诈骗案被捕，他的净资产也从几十亿美元直降到 –170 亿美元（是的，–170 亿美元，他欠债太多）。后来他被判了无期徒刑，他的大儿子也自杀身亡，真是罪有应得。

股票交易的教训：像维拉尔一样的坏人

伸长手去拿的道德问题多种多样。首先想到的就是迪克·斯特朗（Dick Strong）：斯特朗资本管理公司（Strong Capital Management）前 CEO。这是一家共同基金公司，成立于 1973 年，曾经生意兴隆，但现在已成历史。2003 年，斯特朗本人在《福布斯》400 强中位列 318，净资产估计为 8 亿美元。到 2004 年，他就玩完了。监管机构瞄上了斯特朗，后者用自己的账户跟自己的基金做短期交易——没有明确规定不合法。但是一个共同基金的 CEO 未事先披露就这么做，有损基金持有人的利益，他的做法激怒了监管机构。靠内幕消息进行交易大错特错，而据说斯特朗就是这么做的。[18]

丑闻曝光后，斯特朗引咎辞职，不过太晚了。企业无法生存下去，后来富国银行以很低的折扣价买下了公司，把斯特朗除名。他"伸长手去拿"值得吗？

---

① 见第 3 章。
② 见第 10 章。

从来都不值。他的交易计划据说为他净赚了 60 万美元，[19] 这些 "收益" 可能是近期公开纪录中成本最高的收益。既被处以罚款，公司出售时价值又大幅调低，斯特朗只保住了他先前的一小部分财富，而且他终生禁入这一行业。财富缩水、除名、身败名裂，只留下一点点小钱，哎！

接下来就是阿尔伯托·维拉尔（Alberto Vilar）了，他一开始就是靠欺骗起家。他有能力，但是也很阴暗。早期我们一起创建公司时经常见面，我们还会出现在同一会场，出席同一研讨会、会议，一起参加竞争。我们会聊天，聊聊让他生气的事。他太傲慢、严格、冷漠！他约会的女士都很年轻、漂亮——穿衣很暴露，至少我妻子这样认为，她说他让她 "发毛"。

他自吹自擂，说一些超级成功的新创公司都是他帮助融资的，比如英特尔。真不清楚他说的话哪句是真哪句是假，因为听着太玄乎。他吹嘘说，他在前卡斯特罗时期的古巴特权社会长大，后来卡斯特罗攫取了他家里的资产，他变得一贫如洗。但是，他最要好的朋友后来说，这些都是假的，事实上他在新泽西州长大。[20]

他的投资故事，与他在 20 世纪 90 年代后期从高科技行业获得的高回报同样让人震惊。2004 年，在《福布斯》400 强中，他排行 327，净资产估计达到了 9.5 亿美元。[21] 但他的公司规模并不大。2000 年巅峰时期，公司也只管理着 70 亿美元的资金。到 2004 年，公司管理的资金规模大幅缩水，不足 10 亿美元。结合本章前面的表格——巅峰时期，他也不可能有 9.5 亿美元。他让人们（包括《福布斯》）相信，除了公司之外，他还拥有许多证券，那些比他的公司值钱多了。一些人相信了他的话，但是《福布斯》400 强的内部规则是，对那些竭尽全力想上榜单的人的目的持怀疑态度，他们知道这些人的净资产通常低于他们报出的数目——也许是远远低于。这就是维拉尔，当然，他总能说服人。

维拉尔是歌剧的大赞助商，这些年来，估计他向这项艺术贡献了 3 个多亿美元。[22]（然而，给出的钱中起码有一些不是他的钱。）科技股崩盘时，维拉尔的高科技股重仓基金损失了 80% 多，他也推迟了向大都会歌剧院支付他已经承诺的数百万美元的捐赠。（歌剧院已经在大厦上挂上了他的名字！）随着调查人员的进场，2005 年，他被指控邮件欺诈。他虽然宣称公司之外的投资为他带来了超级财富，但是他还是付不起 1 000 万美元的保释金。[23] 我的观点是，像他的成长背景一样，他的许多资产也都是假的，他唯一没有捏造的事就是对歌剧的捐赠。

维拉尔的表演可能没达到歌剧的标准，但是很长一段时间以来，表演却给了他一种豪华的生活方式。与我结婚 46 年的妻子一直想知道他的那些年轻、衣着暴露的女人现在的想法是什么。还有很多维拉尔这样的人，千万别成为其中之一。

虽然不是一流的，但足以带来很大的伤害

像维拉尔一样的坏人偶尔也可能登上《福布斯》400 强榜单，随后事情很快就会暴露，但是大多数坏人早在上榜之前就被抓住了。弗兰克·格鲁塔朵瑞亚（Frank Gruttadauria）就是一个例子。进入 21 世纪后，他工作了七年，盗用了 3 亿美元的客户资金，以及作伪证，妨碍司法公正，行贿和敲诈勒索，甚至逃脱指控！

真的，不要违法。

作为雷曼兄弟公司在克利夫兰分部的经理，格鲁塔朵瑞亚设计了一个庞氏骗局，目标大多是老年客户。他把客户的存款转移到用假名开立的账户中——长达 15 年！客户从来不知道真相，因为弗兰克伪造财务报告，虚增账户价值。财务报告显示巨额增长、没有损失，谁会对这样的结果不满意呢？当有客户想取回资金时，弗兰克就从其他客户的账户中开出支票。与此同时，弗兰克还喜欢乡村俱乐部、滑雪公寓、私人游艇和情妇。[24]

互联网时代让弗兰克彻底垮掉。他告诉老年客户雷曼公司没有网上业务，但其中一位所谓的网络行家奶奶感到很奇怪，为何她的账户没有受到科技股崩盘的影响？[25] 她带领大家对网上业务进行了检查，结果发现尽管有时候月度财务报告显示有几百万美元，但事实上他们的账户上根本没钱。因为弗兰克长期以来一直提供虚假财务报告，所以很难知道他到底偷窃了多少钱——调查人员估计他从 50 个不同的客户那儿偷窃了至少 4 000 万美元。但是由于还有造假的收益，客户相信他们的损失要多得多。[26]

2015 年，摩根大通公司（J. P. Morgan Chase & Co.）的迈克尔·奥本海姆（Michael Oppenheim）承认，七年多以来他从客户那里偷窃了 2 200 多万美元，以应付他的赌瘾。他一度拥有大约 500 个客户，管理着 9 000 多万美元。他对证券欺诈和盗用资金伏法认罪，他说：“法官，我对自己的行为感到很惭愧，我希望早点被抓到就好了。”[27] 我也这么希望。

你可能认为，伯尼·麦道夫的被捕令骗子的伎俩登上头版后，投资者识别骗子的能力会有所提高。但是，很悲哀，骗子仍能找到很多猎物，甚至在聪明人、行家里面也有人上当受骗！众议员艾伦·格雷森（Alan Grayson，D-FL）是2013 年美国最富有的国会议员之一，作为一个白手起家的百万富翁，他很荣幸地获得哈佛大学经济学学位，也很荣幸地成为哈佛法学院的法学博士，他还是一个成功的律师，在欺诈案件中代表检举人的利益。理论上，他看起来对欺诈有免疫力！但是，一个叫威廉·迪恩·查普曼（William Dean Chapman）的“金融顾问”却骗了他 1 800 多万美元。[28]

查普曼是怎么行骗的呢？他靠的是吹嘘的手段和难懂的专业术语。他让格雷森和 121 个其他受害者把他们的股票转让给他，作为向他们提供股票价值 85% 的三年期现金贷款的担保。按照美国证券交易委员会的档案材料，他"向借款人承诺他会采取'套期保值'策略，会'对冲'或与对手订立合约，以确保投资组合的股票一定能偿还回来"。[29] 如果你懂点金融常识或者在网上用谷歌搜索三分钟，你就会明白那不是套期保值的含义，但是容易上当受骗的人才不会去做验证呢。贷款到期后，人们以为查普曼应该归还股票了，但恰恰相反，他卖掉了全部股票，支付了较早期的贷款，同时满足他奢侈的生活方式。他已经这么做了 12 年了。

识别骗子

如果你知道需要识别的要点，那么就很容易识别骗子。2009 年，我写了一本相关的书籍——《如何嗅到一只老鼠》，里面讲到骗子有三点共性：

1. 他们保管客户的资金。
2. 他们宣传的回报率高得让人难以置信。
3. 他们的策略复杂、含混不清、充满术语。

许多骗子还利用大家对声望或社会联系的迷信——像加布里埃尔·比特朗（Gabriel Bitran），麻省理工学院商学院的前教授和院长，现在已服刑三年。他和他的儿子创建了一只对冲基金，吹嘘说是按学校开发的"复杂的数学交易模型"设立的。而事实上，他们操纵着一只"基金的基金"，想通过控制客户的资金自己赚到 1 200 万美元。[30] 肖恩·梅多斯（Sean Meadows）刚被判了 25 年有期徒刑，他骗了家人朋友数百万美元，许诺每年给他们 10% 的回报。[31] 然而他并没有将他们的资金进行投资，而是把钱挥霍在拉斯维加斯纵情酒色、网上赌博以及购买劳力士手表、房产、价格高昂的游艇及一辆 1968 年的卡玛洛上。[32]

再次警告：不要违法，按正确的方式做事，保持品德高尚。为客户做正确的业务，视客户的目标为自己的目标，站在客户一边。把你的服务和你的价值观区别开来，要靠诚实、努力工作以及良好的回报赢得人们的信任，他们会告诉他们的朋友，后者又会告诉他们自己的朋友。比起那些想走捷径不择手段的人来说，你的成功将会更大、更持久。而且，你会在监狱以外的任何地方度过你的退休时光。

相信资本的逻辑，而不是迷信社会认可度

警告：这条致富之路可能使你不受欢迎。幸好，像维拉尔和格鲁塔朵瑞

亚这样轰动的故事只是个例——但是他们的存在，让这条能赚大钱的致富之路成为好莱坞的热门目标，也使得我们文化中坏人形象激增。电影中的反面人物经常是富有的华尔街人士，他们残忍地剥削贫穷的最底层人，使自己变得更富有。OPM 从业人员不是电影中的英雄，好莱坞电影和流行小说里充斥着邪恶的 OPM 从业人员：《开水房》（*Boiler Room*）、《美国精神病人》（*American Psycho*）、《虚荣的篝火》（*Bonfire of the Vanities*）、《魔鬼营业员》（*Rogue Trader*）、《人鬼情未了》（*Ghost*）、《华尔街之狼》（*The Wolf of Wall Street*）和老大《华尔街》（*Wall Street*）。即使《颠倒乾坤》（*Trading Places*）这样一部令人捧腹大笑的电影，也含沙射影地指出 OPM 从业人员都是骗子——其实这样的人只是少数。

如果你在这条路上获得了成功，那么按社会传统，你就要被贬低身份。一些人可能不喜欢你，但是一些成功的 OPM 从业人员并不重视社会认可度，他们重视的是资本世界的真理。他们的工作接近资本市场定价机制的核心，与竞争力量生死与共。这是一条通往超级富有的重要之路，我知道我将终生与之共存。它的美妙之处在于你帮助别人变得更富有的同时，自己也富有了。你应该为之感到自豪，当然很多人也认为你不应该为之感到自豪。如果你像艾迪·兰伯特一样坚强，而不想成为像阿尔伯托·维拉尔一样的坏人，而且你也想更容易地致富——或者置身于大多数最富有的人之间，那么，按我的观点，OPM 是一条你能选择的不错的道路。

 玩别人的钱指南

如果你遵循了下述相对容易的指南，那么 OPM 致富路就是一条相对可靠的致富之路。

1. 热爱资本逻辑和自由市场。 许多人——甚至是误入歧途的华尔街人士——认为资本主义是不好的或残酷的。错了！对于创造和建立社会财富来说，没有比这更好的制度了。当然，资本的世界中有失败者，也有成功人士。但是，资本世界不是零和游戏，你赚的一个美元并不是他人损失的一个美元。资本世界里人人都有机会，人们自主决定所作所为。而且，如果没有自由市场，你就不会拥有 OPM 致富之路。因此，热爱自由市场吧。

2. 找到客户。 你必须会推销。你要么能得到引荐，要么能直接推销，两种方法都有效，你可以两种方法一起使用。如果直接推销，你要找到站在别人面前的方法，这会让他们更能下定决心。大多数人已经看到我公司的广告，有直接邮寄的，还有互联网广告、收音机、报纸或电视广告。许多人认为如果你大量做广告，那么你的产品就不怎么样。这么说的人一定没有全面思考就草率地下了结论。把它讲给宝洁公司听听。你用到的营销渠道和你为客户做应做事情的方式之间彼此没有任何联系——一直如此。

寻找引荐方式意味着拜访相关人士，让他们引荐朋友和各种关系，常见的方法是拜访会计师和房地产规划律师，他们有客户，而客户又可能需要你的服务。

3. 留住客户。留住客户有两层含义：业绩和客户服务。

a. 业绩。业绩并不意味着每天、每周及每年都跑赢市场，它的含义是设置并实现现实可行的客户期望值。听起来很容易？错了！客户常有太高的期望值，如无风险的高回报——像童话故事一般。设置期望值是客户教育的基础，其奉行的准则是："少些承诺，多些业绩。"

说说避免过多承诺吧。OPM 从业人员——尤其是新来的人——可能为了得到业务而夸大客户期望的回报。这么做，你注定要失败，注定带来客户很高的赎回率。

超越客户的期望有助于留住客户，防止客户做一些对他们自己有潜在危害的事情，如追入过热的市场，但是得到的回报却很少。

b. 客户服务。即使你有良好的业绩，但是如果不服务好你的客户，那你的客户也会流失到善于处理这些关系的人那里。在 OPM 行业从业 45 年来，我相信业绩固然重要，但是成功靠的是一半业绩，一半客户服务（换种说法，第三个"一半"就是销售和市场营销）。太多的人认为要么看业绩，要么看服务，但是只看一方面是不够的。客户服务不只是意味着客户打来电话时接接电话。你提供的服务越好、越体贴，客户越可能选择你。

了解客户并理解他们的需求。他们想每个季度接到一次电话呢？还是每月一次？每天一次？找到答案，商定一个服务水准，并设法超越这个水准，更好地留住客户。大多数 OPM 从业人员都为高客户流失所困扰，而我公司的成功部分原因就是异常低的客户流失。

4. 不要违法。OPM 从业人员是在管制行业工作，违法可能让你锒铛入狱。但是即使你没被抓住（或者只是歪曲规则），你可能也不会最好地服务客户。再翻看一下前面说到的步骤"留住客户"。

5. 关注核心竞争力。OPM 从业人员身兼多职，他们是推销人员、服务人员及商人。他们做市场营销、搞研究，他们需要关注屏幕、各色人员及雇员，他们还可能是经理或 CEO！在做了这一切的同时，在跟上全球市场、全球经济及作出准确预测方面，你做的到底如何？

推销人员不应该管理资金，市场营销人员不应该做推销，服务人员不应该搞研究，最好的商业模式是责任分工明确，这样每个人都能关注核心竞争力。要成为顶级 OPM 从业人员，你必须具备所有的这些才能，至少能在各种角色间游刃有余地转换，还能指挥从事这些工作的其他人。这个要求有点离谱，但是正因如此，美国最富有的人们才最愿选此路作为致富之路。

创造收入 | 第 8 章

你能创造一种永续的未来收入来源。我的意思是，通过创造、拥有某种能持续带来现金的产品或者获得该产品的专利，你可以从中取得像年金一样的未来现金流。它可以是一个小玩意儿、一本书、一首歌、一部电影抑或一次经历。

你会不会曾想过："如果出现了什么什么，生活会变好吧？"于是就有人创造了什么什么，改变了世界，并因此变得富有！为什么是他们创造了什么什么，而不是你呢？获得将来重复使用或者创造重复使用的权利才能赚大钱，特许经营权或者专利权都可以，极少数作家就是这样致富的，成功的词曲作家也是通过版权成为富人的，如第 4 章介绍的嘻哈歌手们一样。

真正的创造者

真正的"创造者"是指能创造新事物、让生活随之发生惊人改变的人，你无法想象没有这些事物生活会是什么样，比如个人电脑或脊髓灰质炎疫苗。除此之外也有平凡的日常事物。取得该事物的专利很重要，这样每次有人使用或出售你的小创造时，你就会有钱赚。

大家都错误地把发明便利贴的人亚瑟·傅莱（Arthur Fry）和斯宾塞·西尔弗（Spencer Silver）视为典型的成功发明家——寻常的想法，惊人的结果。傅莱是 3M 公司的化学家，他想在唱诗班的赞美诗中放入粘住不掉下来的书签，他使用了好友兼同事西尔弗的胶黏剂——够黏，但取下胶粘剂时又不会把每页纸撕破——瞧瞧吧！通俗文化的符号诞生了。[1] 但是他们不是收入的创造者，作为 3M 公司的雇员，他们的创造只是"工作产品"——他们不能拥有它。他们可能获得了不错的奖金，但是却没有为自己创造未来的现金流。所以说，只有"创造"还不够。

搞创造？做市场营销？还是二者兼顾！

只有专利也不够。许多人持有专利——数以百万！为了创造未来收入，你必须像我们的便利贴朋友一样，具有广泛的适应性，但是你还必须能掌控未来收入。成功的收入创造者具有创业精神，能够营销他们的想法。如果你不能获得收益，那是因为没人注意到你——做好市场营销很关键。你必须拥有宽广的视角，吸引人的故事，或者人格魅力，像创造者之父罗恩·波佩尔（Ron Popeil）一样。罗恩时常出现在深夜电视上，仍然把产品目标定为患有失眠症的观众。

波佩尔十几岁时就经常光顾芝加哥西区的跳蚤市场，不是去购物，而是去观看沿街叫卖的人。他把在跳蚤市场学到的本领带到沃尔沃斯（Woolworth）推销厨房和家庭用品，每周赚 1 000 美元——对于一个 20 世纪 50 年代卖搅拌器的十几岁孩子来说这是个巨大的数额（按今天来说，大概是每天 8 800 美元，每年 358 000 美元）。记住第 7 章的内容——学会推销很有用。接下来，波佩尔开始在跳蚤市场和节日盛会推销自己的简单发明，锻炼他坊间招揽生意的风格。

学会营销你的产品——即使你的产品就是你——很重要。

后来，他又转向电视，那时电视还是一个新媒体。他用 550 美元做了他的第一则电视广告，10 年中，他只做电视广告。1964年，他创设了 Ronco，并致力于发明创造和推销。他创造了 Veg-O-Matic——夸口说切洋葱时不会流眼泪。他还发明了 Pocket Fisherman——一种多功能折叠的钓鱼竿。比如你开车经过鲑鱼池塘时会想："该死！我要有个方便的钓鱼竿多好！"（我母亲买了一个，后来又为我和我兄弟们每人买了一个）

波佩尔还创造了众多高飞（goofy）产品——蛋内搅拌器，无烟烟灰缸，电动食物脱水器以及 Cap Snaffler。我不知道"snaffling"是什么，但看起来好像与帽子有关。罗恩会说："真的真的有用！"他不仅创造了高飞产品，而且还创造了或者合成了专题广告片中常见的广告用语。他会开玩笑说："等一下！更多的在后头！"他敦促买家快点行动，因为"精明的人就在旁边"。他告诉家庭主妇她们能够"把它放在一边，忘了它"。他兜售他的廉价品时会问："现在你会出价多少？"他会以每期金额很低的分期付款吸引购物的人。一个 Cap Snaffler 可能看起来不值 160 美元，但是分四次付款，每次仅付 39.95 美元，谁会付不起呢？

他真正的发明创造是专题广告片——波佩尔是长期电视广告的同义词，这是非常赚钱的市场营销工具。他的产品虽然巧妙，但也没有带来世界的改变。

谁真的需要一个又大又笨的切洋葱的物件呢？为何不用刀切呢——还可以整齐地放在抽屉里？但是罗恩的过人之处在于，他做的寻常物件却让人感到很开心。丹·阿克罗伊德（Dan Aykroyd）在《周六夜现场》（*Saturday Night Live*）节目中对他的讽刺让他名声大噪。他把一条鱼放入搅拌器中，开始吹嘘鱼汁中维生素含量高。阿克罗伊德称这种鱼汁是"Bass-O-Matic"，而拉瑞恩·纽曼（Laraine Newman）却叫到："这才是好鱼。"

他的净资产已经超过 1 亿美元。[2] 效仿罗恩成功之处的最佳方法就是专注于找到营销商品的另一条有效途径——不管营销什么商品。你甚至可以创造出自己的广告用语，并在《周六夜现场》节目中进行模仿秀。

为金钱而写作

大多数成功的作家都不富裕，只有极少数书的销量会很大——大多数不到 1 万册。因此，如果一本书售价 20 美元，版税可能就是 2 美元，那么作者一年的工作就只值 20 000 美元，仍然很穷。很少有书的销量会更好，以我写的大多数证券市场书籍为例。一本非常畅销的证券市场书籍可能总共卖出 20 万本，这种情况每年至多出现两次，而且这些书会上榜《纽约时报》畅销榜单，就像 2007 年我的书那样。但是，40 万美元的版税不足以让人致富，而且这还包括推销书的前期费用。

为了维持收入，成功的作家需要不断地赶写畅销书，之后他们就会踏上更多人选择的致富之路[①]。从统计数据上简单来看，多面手巨人詹姆斯·米切纳（James Michener）在成功的钟形曲线上找到了窍门，而你更容易成为下一个贝比·鲁斯（Babe Ruth）。长期排名前 10 的畅销言情小说家一生能积累 500 万—3 000 万美元，我当然知道，因为他们其中两人是我的客户，但仅此而已。收入不错——但还不是暴富。

除非你自己作出改变，否则你赚不到大钱。例如，斯蒂芬·金从《闪灵》（*The Shining*）的版税中——指的是电影，不是书籍——以及随后的改编、前传、续集、前传／续集的再改编、再发行、特别版本的 DVD 盒带等，源源不断地获得现金。同理，还有《克里斯蒂娜》（*Christine*）、《伴我同行》（*Stand by Me*）、《宠物坟场》（*Pet Sematary*）、《肖申克的救赎》（*Shawshank Redemption*）以及《绿里奇迹》（*The Green Mile*）——只是列出了几个而已。他本来在 20 年前就可以停止写作，而且已经非常富有。他写的书版税非常高，但是，如果他写的另一

---

① 见第 10 章。

部令人毛骨悚然的故事被作为电影或电视题材，那么他会通过收取特许权使用费而获得更多的稳定收入，这些资金会源源不断地流入网飞（Netflix）公司。他还打算继续写书，轻松拍成两小时的电影吗？我不清楚，但是他的确朝着这个方向发展。

斯蒂芬·金可能是国王，但 J.K. 罗琳的的确确是女王（而且碰巧比英国女王更富有）。J.K. "Jo" 罗琳创作了哈利·波特的魔法世界以及神奇的收入来源，至今这部系列电影本身的总收入高达 77 亿美元。罗琳目前的净资产大概 10 亿美元，[3] 而她的书还在不断地销售着。她的天才举动就是她保留了哈利·波特电子书的版权，完全独自分销书。她每本书不是获利一美元或两美元，而是保留了大部分的销售收入，每年可以达到数百万美元。[4] 她其他的资金来自于电影、DVD、永远的哈利·波特的午餐盒、运动鞋、背包、可动人偶、滑板、壁纸、铅笔、万圣节服装、纸板、睡衣，凡是你能想得起来的东西，更不用说加利福尼亚和佛罗里达州的环球影视主题公园了，这两个公园都有完整的组成部分，设计的意图就是将她的发明创造变为现实。没有图案的午餐盒零售价 5 美元，印上哈利和朋友们图案的就卖 25 美元。你的创造就是这样变成金钱的。

如果你写作，并想以此致富，那就想想午餐盒吧。写完这本书后，我要开始下一本书的写作——一本适合拍成电影的冒险小说，其原型是几个 10 岁的孩子，他们偷了坏人邻居的钱，随后被抓住，逃跑，并成为世界间谍，他们从骗子手中拯救了世界。书名定为《休息的十大秘诀》（*The Ten Roads to Recess*），我还打算把小说人物的形象印刻在午餐盒上。只是开开玩笑而已！但是，认真地说，如果你想到了"午餐盒"，并计划好后续的售后服务，那么你赚大钱的机会也会飙升。

你不需要达到罗琳水平的成功。海伦·菲尔丁（Helen Fielding）仅凭一本书就名声大噪，这本书的原型却是另一个作家——简·奥斯汀（Jane Austen）写的一本书，但简终其一生却从未变富。然而，在接下来的几年，菲尔丁还会改编布雷吉特·琼斯（Bridget Jones）的书籍、电影以及网飞公司的作品。菲尔丁虽然赶不上罗琳，但按大多数人的标准，她也是很富有了。对大多数作者来说，写作只是自己喜欢做的事情，而不是致富之路。而我已经足够富有，我热爱我的日常工作，这项工作让我变得富有。我是因为喜欢才写作，对大多数作家来说这也是他们写作的正常原因（恕我直言不讳帮你指出一条更赚钱的道路）。

找到把你的创造变成金钱的方法。

除了 J.K. 罗琳外，没有人仅凭写作就能荣登《福布斯》亿万富翁榜单。这并不意味着你不能写作并致富，但是写作本身不会带给你巨额财富。

靠创作歌曲赚钱

歌曲创作比唱歌更赚钱。你只需要把一些押韵的对偶句和朗朗上口的曲调拼凑起来。歌手按专辑与巡回演出的门票收入获得一次性支付，他们需要无尽的才华①，却没有未来的收入。这就是为何像已故的惠特妮·休斯顿（Whitney Houston）一样的巨星也会穷困潦倒终其一生（吸毒习惯也是导致此事的原因之一），为何芭芭拉·史翠珊（Barbra Streisand）每隔几年就要振作精神去巡回演出，是因为她们缺少未来的收入。

一些歌手自己也创作音乐。我马上想到了多莉·帕顿（Dolly Parton），她71岁了，依然年轻，依然是一位多产的歌手（净资产达5亿美元）⁵。许多词曲作家根本不演唱（或者演唱得不多），不承担名人需要承担的个人压力，因此比演唱者拥有更长的艺术生命——比起从没赚过多少钱的书籍的作者来说，他们甚至可能不会拥有更多的才华。例如，丹尼斯·里奇（Denise Rich，nee Eisenberg）从来不演唱，但是里奇很富有，甚至比几乎所有不创作歌曲而只演唱歌曲的艺术家富有得多。诚然，她是通过两条路径赚钱的——歌曲创作的职业和她值得的婚姻，即与巨富马克·里奇（Marc Rich，2013年他去世时净资产达10亿美元）离婚所得②。⁶

除了她与里奇先生③的婚姻外，⁷她还有一个巨额收入的职业，即格莱美奖提名的词曲作家。她为艾瑞莎·弗兰克林（Aretha Franklin）、玛丽·简·布莱姬（Mary J. Blige）、席琳·迪翁（Celine Dion）、戴安娜·罗斯（Diana Ross）、唐娜·莎曼（Donna Summer）、路德·范德鲁斯（Luther Vandross）、马克·安东尼（Marc Anthony）以及娜塔莉·科尔（Natalie Cole）创作歌曲，在此仅举了几个例子而已。⁸最近以来，她为21世纪早期的年轻女星创作了热门单曲，如曼迪·摩尔（Mandy Moore）和杰西卡·辛普森（Jessica Simpson）。她创作的歌曲被录制下来、重录、转录、旧曲片段又合成新曲，收音机每天都在播放。每次，她都会收到报酬，而歌手只能获得一次性报酬！因此，写歌胜过唱歌。

词曲作家能赚到什么？销售的商品中政府允许词曲作家每单位收取9.1美分。因此，创作一首歌曲，并录到一张专辑上，如果专辑售出100万张，你就可以获得91 000美元。如果专辑中所有的歌曲都是你创作的——大概12首歌

---

① 见第4章。
② 见第5章。
③ 克林顿家的商人朋友，因逃避偷税漏税指控一度逃离美国，在比尔·克林顿总统当政的最后一天被赦免。

曲——你就可以赚到 100 多万美元了。如果这首歌曲在收音机、电视或电影中播放，或者从网上下载，词曲作家也会获得报酬。[9] 每一次都这样！由 Sister Sledge 乐队录制的、丹尼斯·里奇谱写的首支冠军单曲"Frankie"，从问世到在美国音乐节上获奖，为她带来的净资产已达到 1.25 亿美元 [10]（胸怀抱负的词曲作家在 SongWriter101.com 网站上能找到资源——网站上有竞赛、音乐节和经纪人的详细信息，你可以为名、为利或二者兼而有之而向他们提交歌曲）。

这并不需要你成为歌手或具备其他才能，只需要具有创作简单旋律以及谱写诗一样朗朗上口的散文的能力。接下来需要的是推销能力，即把曲子推销给可能会录制歌曲的人。正如许多致富之路一样，问题的关键是推销。如果仍想你的歌被天才人物录制成歌曲，那么就必须不断地把歌曲推销出去。将收入转化为金钱的词曲作家比任何人都更像销售代理。

他们的职业生涯很长。理查德·罗杰斯（Richard Rodgers）和奥斯卡·哈默斯坦（Oscar Hammerstein）虽然不演唱，但他们创作了一些 20 世纪最难忘的歌曲。欧文·柏林（Irving Berlin）、杰瑞·赫尔曼（Jerry Herman）、斯蒂芬·桑德海姆（Stephen Sondheim）和安德鲁·劳埃德·韦伯爵士（Sir Andrew Lloyd Webber）（净资产大概 10 亿美元）[11] 都开创了收入丰厚的歌曲创作事业（并得到了成堆的金钱）。尼尔·萨达卡（Neil Sedaka）虽然也演唱自己写的一些歌曲，但是他几十年的歌曲创作生涯赚得更大更多，其中包括由 Captain 和 Tennille 演唱的热门单曲《爱情让我们在一起》（Love Will Keep Us Together）。卡洛尔·金（Carole King）像萨达卡一样，也演唱一些歌曲，但其为艺术家们创作的歌曲更多，如为鲍比·维（Bobby Vee）、流浪者乐队（The Drifters）、艾瑞莎·弗兰克林（Aretha Franklin）、达斯蒂·斯普林菲尔德（Dusty Springfield）和芭芭拉·史翠珊创作了赚钱的热门单曲，以及为詹姆斯·泰勒（James Taylor）创作了《你有一个朋友》（You've Got a Friend）。然后，她又把所有的歌曲创作为一部荣获托尼奖的付费音乐剧，在国际上巡演，以此赚钱。这部音乐剧配乐像烤饼一样好销，而且正计划为一部电影创作配乐——这些为卡洛尔赚了更多的版税。

歌曲创作职业更像生意，没有自我毁灭性，更赚钱，持续时间更长，而且如何计划、如何去做更具有预见性。本书编辑认为本部分内容应该放在名利双收那章的达人秀一节中，我不同意这么做。因为这些人中几乎没几个人有名①，但他们却很富有。你不需要年轻时就开始你的事业，也不需要具备演唱才能。

---

① 除非他们参加真人秀电视节目，如前《美国偶像》（American Idol）的评委凯拉·迪奥嘉蒂（Kara DioGuardi）。

这部分内容可以放在其他章节，但对我来说，放在这更合适——这些人都是极好的收入创造者。

克隆的现金

在这条致富之路上，没有人能超越乔治·卢卡斯创作的绝地大师（Jedi Master）的收入创造能力，卢卡斯净资产已达 46 亿美元。[12] 卢卡斯还具备成为创始人兼 CEO 的资格，开创自己的赚钱方式。在他的影片《美国风情画》（American Graffiti）赢得了奥斯卡大奖之后，卢卡斯的风格大变。对，他执导了《星球大战》。从此他踏上了我们的致富之路，以前从没有导演这么做过——他创造了收入来源。为了取得 21 世纪福克斯公司对拍摄《星球大战》的支持，卢卡斯让出了导演收入，换来了未来票房收入的 40% 和销售规划权。对福克斯来说，如果卢卡斯执导的这部孩子喜欢的太空电影失败了，他们也不至于损失太大。而且谁会在乎销售规划权呢？此前没有人是通过营销电影赚钱的。因此，福克斯的收益不高，而卢卡斯却获得了巨额利润。

卢卡斯不仅创造了尤达（Yoda）、死星（the Death Star）和伍基人（the Wookiee），还创造了更有价值的概念：电影营销。在卢卡斯和《星球大战》之前，玩具、午餐盒、可动人偶和噱头广告都变化不大。卢卡斯（和老朋友史蒂文·斯皮尔伯格一起，后者净资产达 37 亿美元）发现了赚钱的方法：把大家以前没想到的人物变成金钱，他们认识到孩子们想用 4 英寸的塑料娃娃和他们自己的塑料光剑扮演电影中的角色。这是收入创造者做事的根基，罗琳和金是这么做的，波佩尔也是这么做的，丹尼斯·里奇还是这么做的——他们创造了一个故事，而人们愿意花钱拥有这个故事。如果你具有创造力，那你也能这么做，你需要找出的就是，目前还没有变成但你可以将之变成金钱的概念。

你可以走发明创作、创作歌曲或剧本的常规路线，你可以做许多人已经做过的事情，只是稍有不同，你要确保保留所有将来的权利。詹姆斯·戴森（James Dyson，净资产 49 亿美元）不是发明家，而是更喜欢搞小发明的人。他很有远见，自己搞发明，拥有发明的所有权利。[13] 这个聪明人兼商业精英建立起了吸尘器、电风扇、宠物美容器、干手器和吹风机帝国。或者你也可以走非常规路线，像卢卡斯那样做别人以前没有做过的事情，如在互联网、手机或我们没有想到的下一个平台上的业务。这需要你来寻找，而不是我来干。

商机无限。我的忠告是：发明面向的对象要尽可能宽，适用性要尽可能广。如果不是这样，那么对某些独特品质的需求就会非常广泛，因为这些品质对某些事情来说很重要。你的范围越窄，你的道路就越窄，你的富裕程度就越小。

政治养老金——及好消息

想面向最为宽泛的对象？没有任何经济联系？试一试政治手段吧！好好管理大众，纳税人把财富交给你……无偿的！事实是：总体来说，政客对经济的改善实际上没有展示出任何才能或能力。唐纳德·特朗普是一个明显的例外，除他之外，大多数政客从没有尝试过任何致富之路（邂逅富有的白马王子以及还有一些原告律师除外）。很少有人进行过创建、发明、创造、领导、管理、改善或者革新，然而大多数人最后却很富有——他们创造了收入。

我并不期待你能成为总统，但我们先以克林顿夫妇为例，我想让你知道他们是如何运作的。他们离开白宫时一贫如洗，但现在净资产却高达 1.1 亿美元。[14] 怎么赚到的？他们入主白宫之前赚钱并不多，比尔从没做过高收入的工作，希拉里也只是个小有成就的公职律师，她的工作断断续续，由比尔的竞选时间表决定，而且白宫可以随时进行干涉。她做律师最后一年的收入只有 200 000 美元，[15] 比尔当州长的收入也只是 35 000 美元。[16] 如果他们将一半的税前收入（节省下来的）储存起来，精明地投资，那么入主白宫时他们至多也只拥有大约 360 万美元。

为了创造巨额资金，你需要找出的就是，你能而其他人不能将之变成金钱的概念。

作为总统，比尔每年收入 200 000 美元，外加津贴。[17] 但因为他们要应付弹劾事件、持续的性骚扰麻烦、一团糟的白水事件土地交易、希拉里对奶牛期货可疑的盈利性投资事件、旅游门事件、文档门事件以及大约 127.72 项的其他"门"事件，所以他们有很多的法律费用。他们离开白宫时，还有大约 1 200 万美元的未付法律费用。[18] 如果他们把比尔收入的一半储存起来并进行精明的投资，再加上我们之前假设的省下来的钱，那么最好的情况就是，付清他们的法律账单之后，他们还会有 300 多万美元的负债。[19]

这样看来，答案很明显了——2000 年以来，他们通过出书、演讲共获得 1.53 亿美元的收入，他们将其中的一部分储存了起来。[20] 很少有职业能像"前任总统"这样赚钱，只是讲讲话，一次就可以赚到 150 000 美元！[21] 是纳税人在养着你。

总统的收入——追踪资金的来龙去脉！

1958 年，国会通过了《卸任总统法案》（FPA），给予前任总统终生扣除通货膨胀因素的生活补贴——目前每年是 205 000 美元——免税！[22] 考虑税收调整因素，相当于税前 391 000 美元。要赚到同样这些钱，需要一只经营良好的大约 1 000 万美元的投资组合。他们得到了"保护"和终生的"办公室补助"——一名员工和合适的办公位置（如豪华办公室），这都需要现金。2015 年，与 FPA 有关的全部费用是 320 万美元。[23] 也就是说，我们那时健在的四位前总统每人获得 800 000 美元！免税！！考虑税收调整因素的话，相当于税前的 150 万美元，一只经营良好的 3 700 多万美元的投资组合才能创造这些收入——而且每人一只投资组合！

前任总统还会有过渡性的费用以缓解他们进入"真实"生活的不适感。这个费用是多少？2001 年，国会通过了提案，对克林顿一家提供 183 万美元（免税）的费用，这是向他们提供的费用中最高的一次。[24]

但是，卸任总统还有其他的收入来源，可以入主董事会获得报酬——而且只要想干，可以入主多家董事会，杰拉尔德·福特（Gerald Ford）据此收入丰厚（还有收费演讲——很奇怪，他们因为选举的结果而下台，而且当总统时没人愿意听他们说什么，但下台之后却突然大受欢迎）。他们也可以做收费顾问，对合同提供咨询服务，克林顿对亿万富翁罗罗恩·伯克尔（Ron Burkle, 净资产 15 亿美元）就提供这些服务。[25] 雇用前总统就是含蓄地花钱游说，因为比起其他人，前总统和政府的联系更紧密。我来总结一下：克林顿夫妇经历了这样的变化，即从 2001 年至少 300 万美元的负债（可能更多）到 15 年后 1.1 亿美元的净资产（但是如果你的配偶日后想要竞选总统，那你就要当心了，你要确保他总统任期之后与政府的联系能经受住监督检查）。

如果你不能成为总统……

但是，极少有人能竞选总统并获胜。当然，你有生之年不排除有机会创造政治性的收入——成为国会一员！开始每年收入 174 000 美元（2015 年情况如此），[26] 虽然不够丰厚，但是已经处于美国的前 10%，你还可以创建自己真正的财富。[27] 而且，你不必在国会做任何事情，当然，你会急于赚更多的钱。当个领导，收入就会跃升到 193 400 美元，众议院院长可以赚到 223 500 美元，[28] 保罗·瑞恩（Paul Ryan）也能！再者，他们每年还会有生活成本调整补贴、健康保障和丰厚的退休金计划，这些至少相当于目前的 150 万美元——他们只服务了五年（只当选三届）就有资格享有这一切。[29]

如果觉得好玩儿，你可以上参议院拨款委员会（Senate Appropriations Committee）网站（http://appropriations.senate.gov/senators.cfm）浏览一下任意一位国会议员已披露的财务状况。真是滑稽可笑，他们一定只是披露了"大概范围"。有些披露长达 300 多页，他们找各种借口，把财富转移到配偶名下，这样他们看起来才更接近平民百姓。他们为什么不能坦白承认，不至于让那些财富看起来那么不合乎逻辑呢？可以浏览一下另一个有很高评价的网站吧：OpenSecrets.org。如果想知道谁在为谁提供资金、谁从哪里得到了资金，那么这个网址能为你追踪资金的来龙去脉，它汇总了这些政客们个人财务状况披露的各种情况，以及其他令人感兴趣的细节。

令人费解的政治财富

有个问题一直以来争论不休——他们是如何赚到钱的？除了参与政治之外，许多人从没干过任何工作。虽然大多数人从不直接对 GDP 作贡献，但是他们还是很富有。当然也有例外。以前参议员赫伯·科尔（Herb Kohl，威斯康星州的民主党人）为例，他的净资产大约是 6.3 亿美元。[30] 他的财富大部分来自于科尔杂货店——他帮助建立的商业。还有米特·罗姆尼（Mitt Romney），净资产 2.3 亿美元。[31] 他创建了一家成功的咨询公司，并将其卖掉。达雷尔·艾沙（Darrell Issa）是目前最富有的国会议员，净资产 2.54 亿美元，其中大部分来自于消费类电子产品业务，提供质量不高的汽车防盗装置——Viper（它甚至可以模仿艾沙的嗓音和潜在的小偷交谈）。[32] 我们知道国务卿约翰·克里是如何致富的，他因为与富人联姻——两次都是如此！对他们来说为了财富而结婚很平常。前众议院成员简·哈曼（Jane Harman，加利福尼亚州的民主党人，净资产达 4.5 亿美元）[33] 也选择了值得的婚姻这条道路，像约翰·麦凯恩一样。

但是，大多数人都是职业政客或者律师出身。例如，前参议员杰夫·宾格曼（Jeff Bingaman，新墨西哥州民主党人，退休时净资产 1 080 万美元）[34] 1983 年成为参议员之前是个律师。在他短暂的律师生涯中，他不太可能存太多钱。1968 年，他毕业于斯坦福法学院。10 年后，他成了新墨西哥州的总检察长，从此踏上了从政之路。

前大老党（GOP）① 总统候选人鲁迪·朱利安尼（Rudy Giuliani）成年后大部分时间在做政府雇员，26 岁被任命为美国联邦检察官之前，还做过短期的控方律师，最后，他成为了副司法部长——美国司法部里官职第三的高级官员。后来，他被指派为纽约市南区的联邦检察官，当然还当了纽约市长——薪金 195 000 美元。收入不菲，但是曼哈顿的生活成本奇高，他到底是如何赚到 4 500 万美元的净资产呢[35]（往前翻，再读读前面的章节，你就会相信结果必然如此）？

前参议员奥林匹亚·斯诺（Olympia Snowe，缅因州的共和党人，净资产 1 460 万美元）[36] 26 岁就开始担任公职，她不仅令人费解地赚了大钱，而且还

---

① 译者注：Grand Old Party，共和党的别称。

嫁给了身为同事的另一个政客——两次！还有前参议员鲍勃·格雷厄姆（Bob Graham，佛罗里达州民主党人），1966 年以来一直担任公职，先是众议院、州参议员、州长、美国参议员，然后是美国总统候选人（以失败告终）。他从来没有对 GDP 作出过贡献，然而他的净资产却高达 800 万美元。[37] 参议员理查德·谢尔比（Richard Shelby，阿拉巴马州共和党人，净资产 1 090 万美元）[38]1963 年开始从政，自此之后从没有诚实地工作过一天。国会议员罗德尼·弗里林海森（Rodney Frelinghuysen，新泽西共和党人，净资产 2 470 万美元）[39] 来自于公用事业部门。最令人难以置信的就是前副总统阿尔·戈尔（Al Gore），据说他离职前只有 200 万美元，但是，2001 年至 2008 年，他对各种对冲基金和其他私人投资投入了 3 500 万美元——全部以流动资金投入。据说他的净资产已达 2 亿美元！[40] 他完全打败了克林顿夫妇！

我不嫉妒任何人的金钱，到现在为止，你已经知道我不是两党中任何党派政客的粉丝。我在 2007 年出版的书中已经说明了原因，因此在此我不再做任何解释。我认识数百名国会议员和州长，他们自己干得很好。

如果不是因为罗伯特·诺伊斯这样的资本家及其发明的集成电路，或者比尔·盖茨的 Windows，或者更多类似的情况，我就不会创建或者经营我的公司。还有杰克·卡尔的"鸭牌胶带"！但是，我认识的政客们或者我一生中读到的政客的故事，他们中没有任何一个人的所作所为能影响我创建我的公司。总的来说，他们只是互相打压，挤占公共资源。作为寻租者（"超额榨取他人经济利益的人"的术语），政客因为诽谤 CEO 还能赢得掌声，真是让人吃惊。

> 尽管政客很赚钱，但是成为政客之前还是要考虑清楚。

如何在政治道路上获得成功

但这是一条赚钱的道路——不管他们的财富是多么令人费解。注意：关键的本领是会撒谎——对自己撒谎，对他人撒谎（很容易知道政客什么时候撒谎——只要他们嘴一动就是在撒谎，我多么希望这只是个笑话）。

那么怎样才能被选举上台？像其他致富之路一样，从小事做起。确定政治上回报高的地区，搬到这个地区一个中等规模的城市——地方要小但又不闭塞，地方还要有点规模，这样那儿的人不会都互相认识。如果他们那儿的资深政客年龄很大或者有任期限制，那就非常好了。要认真研究他们支持什么，公民相信什么。在严重倾向于某一党派的地区就更容易成功了，至于倾向哪个党派倒是无所谓。因此，起初你只需要记住并重复一套谎言，这有助于你研究反对党的观点，如此这般你也才能说出嘲弄他们的谎言。你的选民会喜欢你这样做的。

谎言逐渐冷却下来后，你就开始竞选市议会吧。告诉他们他们想要听到的话，谴责反对党做过的所有不对的事情，表明你就是未来的方向——声称你能看清未来。告诉大家你在原来的地方做过重要的事情，而实际上你并没有做，但是他们又没有办法证明你是否做过。在这个政治层面上，和你一起竞选的人虽然可能出于一番好意，心中想着社会利益，但是他们却缺少竞选技巧。因此，即使你不是这么想的，但结果还是对你有利。本书中，只有在这儿，不诚实才能获得报酬。

三年后，再竞选县议会①。同样的游戏，同样的傻瓜，更缺少竞选技巧，更大的地区。六年后，竞选国会。你是否不需要编台词就能工作取决于你是否理解了他们想听的话。比起当一名成功的合法演员，这要容易得多，因为观众没那么强的敏锐识别力。而且，他们必须选举出一个人。你可能不相信这一切，但是基本上就是如此。按照这些步骤，余生中，你就不必做任何有用的事情。这就是创造出来的收入，胜过抢劫银行！

智囊团胡作非为——虚伪的骗局

打算由从政带来收入其实就是组建一个智囊团，从政治上讲，这是创造收入的一条完全不同的道路。智囊团是指那些非营利性组织，由一两个有感召力的个人负责，为某项"事业"而奋斗。智囊团接受"非营利性"捐赠，这样领导（或领导人）才能够思考，并为他们选择的使命写下深刻的想法，而且还能为他们自己支付巨额薪金。也许他们要做一番"研究"，包括询问其他志趣相投的人的观点，并得出结论，即智囊团总是正确的。问题的关键是：它虽然是非营利性组织，但却能为你挣到未来现金流。

智囊团的目的就是由志趣相投的人把一项事业制度化，并通过创建类似公司的结构来建立可信性。那些向智囊团提供资金的人认为他们正对某项较伟大的事业作着贡献——他们的智囊团通过深思、研究及出版资料起着重要作用。但是事实上，他们真的只是为智囊团的创始人及其选择的合作伙伴创建了一种年金而已。

智囊团为无限多种事业而奋斗，如自由市场或帮助被压迫的人，但是从根本上说他们都很相似，以牧师杰西·杰克逊（Jesse Jackson）为例。尽管杰克逊曾经宣称年收入是 430 000 美元，[41] 但是他的财务状况一直是个秘密，他对此守

---

① 译者注：美国的县是二级行政区，行政级别高于市。

口如瓶。他之所以神秘，部分原因是他的几个非营利性组织都是宗教性质的，因此，他们不需要提供纳税申报单。他有权保持缄默——不关任何人的事（哦，可能美国国税局 IRS 认为关它们的事）！但是，人们为什么应该为高收入感到羞耻呢？

杰克逊的非营利性组织包括团结起来为人类服务（People United to Serve Humanity，PUSH）和公民教育基金（Citizenship Education Fund，CEF）。1996 年，他创建了以盈利为目的的组织——彩虹 /Push（Rainbow/Push）。[42] 他的基金会的目的是为少数人所有的以及妇女所有的企业吸引公司资金，以及提供多种其他服务。多年来，各种团体（包括教育部）都在抱怨，杰克逊集团在报告他们的资金如何花掉时太不严格。杰克逊也多次卷入纳税报告的法律冲突中。[43] 因而智囊团结构，不管其事业多么高尚，也仍然与金钱有关——意在创造收入来源。

非营利机构和智囊团来自各行各业。自由派方面有比尔·克林顿时期的前白宫幕僚长约翰·波德斯塔（John Podesta）及其牵头成立的美国进步中心（Center for American Progress），另一个克林顿时期的职员鲍勃·赖克（Bob Reich）是经济政策研究所（Economic Policy Institute）的共同创始人，他们二人都提倡"进步"和"共享繁荣"。但与此类似，保守人士威廉·贝内特（William Bennett）和已故的杰克·坎普（Jack Kemp）通过他们的授权美国（Empower America），长期给自己支付超过 100 万美元的年薪。名单太长了。吉姆·德铭特（Jim DeMint）作为参议院中四个最贫穷的成员之一闻名，2012 年辞职时，传统基金会（Heritage Foundation）大幅提高了他的薪水。[44] 在 Google 上，你可以找到所有你想要的有关智囊团的信息，你可能不喜欢这种方式，但它的确赚钱。

最后，需要声明一下，我的编辑认为我不应该写政客的内容，因为在政客方面，许多读者都有他们自己的爱憎，我可能会冒犯一些人。可这是一本有关如何致富的书，不是如何做不冒犯他人的书。我承认通过政治手段创造收入来源不像本章的其他内容，但是对某些希望并适度构想过这么做的人来说，它能够并且的确保证了终生的巨额收入。我必须把这些人放在某些章节，我能想到的其他章节都不合适，因此，他们必须放在本章写。

如果你想创造收入，同时还对世界作出点贡献，那你可以去发明一种疾病的新疫苗、一种新的营销方法甚或创作一首歌曲或电影剧本。如果你只是想占有公共资源，那政治这条路一直在静候你。不管选择哪条路，都要保留所有的权利。

如何获得金钱的必读书目

为了做到做完事就不再想了——像罗恩·波佩尔一样——同时还要保证将

来的收入，那最好先做点功课。这些书将有助于你建立你自己的永续现金流。

1. 大卫·普雷斯曼（David Pressman）的《自己申请专利》（*Patent It Yourself*）。如果你有个万全的想法，能为你的余生提供收入，那么读读这本书后申请个专利，确保无人能窃取你的想法。

2. 切特·梅斯纳（Chet Meisner）的《直销全指南》（*The Complete Guide to Direct Marketing*）。这是一本很好的入门指南，教你如何成为罗恩·波佩尔一样的人，教你你的信息如何既低成本而又有效地直奔大众心里。这本书还介绍了直接营销的含义和方法。

3. 如果你想写作，那么读读大卫·特罗蒂尔（David Trottier）的《编剧圣经》（*The Screenwriter's Bible*）吧。虽然书不错，但是金钱都在午餐盒里和可动人偶上。因此，先写作或者改编你自己的电影剧本，然后将其推销出去。这本书告诉你如何做到这些。

4. 如果想通过从政赚到大钱，那你一定能够讲出让人信服的谎言。为达此目的，读读达莱尔·哈夫（Darrell Huff）的《统计陷阱》（*How to Lie with Statistics*）吧。这是一本精品书，展示了统计数据如何被轻易操控。例如，提取经济中的一般统计数据，然后为了自己的不当收益歪曲这些数据。

 创造收入指南

如果想在这条路上赚到 100 万美元，那么你首先必须拥有值百万美元的想法。这条路就是把想象力变成不断增长的未来现金流。

1. 发现潜能并坚持下去。 如果你不会唱歌，你就不可能成为披头士乐队的一员；如果你患有严重的作者心理阻滞，那你就不会成为下一个 J.K. 罗琳；如果你还有一点点正直品质，那你最终也不会成为富有的参议员。事情就是这样。在这条致富路上变得富有很简单，就像灵机一动想到一个超级酷而且可以申请专利的点子一样。当然，在巨额特许权使用费交付给你之前，你可能必须保留几年你的点子。

2. 确保持续性。 《星球大战》和《哈利·波特》将会永在，因为其包含的主题宽广，永具魅力。便利贴也是如此。但是不管是谁发明了 8 声轨磁带，他们都会被下一个新生事物所取代，从而被截断他们将来的版税来源。我们知道我们总会有政治，因此这才是持久的致富路径。

3. 将其变为金钱。 卢卡斯用《星球大战》的小玩意儿做到了这一点。找到你想留名史册的物件，保证其有足够多的后续产品或者像波佩尔一样找到开发后续产品的方法，而且要确保你对该物件的权利。物件不必是实物——一个故事也可以变成金钱，倾听引人入胜的旋律，忘记可怕的伴侣，感觉"你的那个他（她）"就在你身边。

4. 为其申请专利或者采用其他方法保护它。一旦你找到了商机、有了发现、写完了小说或者为下一个伟大的小物件做好了计划，接下来就要那对其进行保护。为其申请专利，或者采取其他方法获得其版权。

填写专利申请表不难，去美国专利局网站（www.uspto.gov/），走完程序即可。你可以打印并提交表格，同时交费。要获得书面资料的版权，就到美国版权办公室（US Copyright Office，www.copyright.gov）下载需要的表格，申请版权费每项只需 45 美元。

5. 市场营销及推销发明创造。你的发明或创作可能会改变生活，但是如果没人知道它，那你也不会获利。再从创始人罗恩·波佩尔这儿学个小窍门吧，成为你自己的代言人。

6. 为将来作计划。一旦你找到了收入的来源，那么就要学会不失去这个来源的方法。了解你收入的结构——有保证吗？能持续多久？什么情况下会违约？有什么更好的可能取代你的创造以及你的收入？保持收入稳定就像将资金存入银行以备日后的不时之需一样，是的，做预算和坚持预算约束也是如此。

胜过地产大亨 | 第 9 章

梦想过建造摩天大楼吗？想收租金吗？如果你想过，那就成为一个地产大亨吧。

美国是一片地产富豪的土地——住宅超过 60%！千万不要让过去十年的住宅危机阻碍了你，如果成为地产大亨你就能赚到巨额资金。

像其他致富之路一样，这条路并不简单。成功的地产大亨不只是具有独到的本领，找到有潜力的且未被认同的土地和有意愿的投资者，他们还要具备必备的战略眼光，以此才能成为成功的企业创始人，因此，从本质上来说，他们就是创始人。如果你不能创建现实可行的企业计划，那么你可能就不应该选这条路。

事实是怎样的呢？长期地产的收益并不太高——1964 年以来只有 5.4%，[1]刚刚超过通货膨胀！谢尔登·阿德尔森（净资产 318 亿美元）、唐纳德·布伦（Donald Bren，152 亿美元）、山姆·泽尔（Sam Zell，47 亿美元）以及"唐纳德"（"the Donald"，特朗普的 37 亿美元）[2]如何赚到钱的呢？靠的是杠杆！

他们借钱！做对了，杠杆的超级活力会带来高回报；做错了，损失和耻辱也很巨大，甚至是倾家荡产。借钱没有风险吗？如果做错了，当然有风险。但是，这条路就是需要杠杆。如果你厌恶举债，那现在就停下来，转到另一条道路上吧。否则，必须克服对债务的恐惧。学着喜欢杠杆吧，这样才能取得地产大亨的成功。

> 学着喜欢杠杆吧，其超级活力会带来高额回报。

奇迹

奇迹是这样创造的：假定你只付了 5%——5000 美元就得到了一套价值 100 000 美元的房产。五年后，你以 125 000 美元将其出售。你似乎得到了 25% 的盈利，或者年收益率 4.6%。但不是这样！你只支付了 5 000 美元，25 000 美元的利润其收益率实际上是 500%，年化收益率达 43.1%。奇迹！当然，你需要对债务支付利息——后面会涉及这些内容。但是，如果地产价值下跌，你就会损失 5 000 美元。杠杆是柄双刃剑，关键是找到其他人不屑而你能将其变为现金的物有所值之物。通过将房地产货币化，你能把房产变成印钞机。

将其变成金钱

首先需要澄清：我不是房产大亨。是的，我拥有地产，但大多数都是我公司使用的建筑。而我的妻子雪莉（Sherri）是家里的地产大亨。

1999 年，两个男人买下了位于 101 号和 92 号高速公路交叉处（旧金山半岛的交通要塞，连接着旧金山—硅谷以及半岛—东部湾区）的时尚岛大街（Fashion Island Boulevard）1450 号，即加利福尼亚州圣马特奥的一座那时已 15 年之久的 104 000 平方英尺的 A 级办公楼。最好的地段——即使 1999 年也几乎没有空地。他们支付了 3 100 万美元，其中的 2 550 万美元是通过瑞士信贷第一波士顿抵押资本有限责任公司（Credit Suisse First Boston Mortgage Capital LLC）签发的一张票据借到的。硅谷当时发展势头强劲，房租很高，办公楼也都满员，.com 公司现金充足，都在租昂贵的地方，虽然最后他们根本没用到这些地方。

我的公司那时正处于成长期，早在五年前，雪莉已经建成了我们的总部，它位于湾区 2 000 英尺高的山顶的非中心地带，这个位置没人会质疑。这是森林中的宝石，政府拥有的成千上万亩空地三面环绕——清新的空气，数千英亩太平洋美景。她扩建了两次，但是到 2000 年时我们已经填平了壮观山顶的每一寸土地。我们需要其他地方的更多空间，雪莉选择了圣马特奥——20 分钟路程之外的地方。租金很高，空间紧张，因而她不能租很多地方。但是随着高科技泡沫的破裂，转租写字楼开始出现。到 2002 年，她签了一年的租约，按她自己希望的适当回报率租下了所有 B 级办公空间。

到 2004 年，时尚岛大街 1450 号因拖欠借款，启动止赎程序，并指定新的接管方。购买此处的人还拥有其他办公楼——所有的都是加了杠杆购买的，也都岌岌可危。他们已没有能力对 1450 号进行再投资以吸引房客，因此，1450 号的空置率持续上升。最后的房客也离开了，留给他们一片狼藉的空房子。持票人决定在封闭式拍卖中将其卖出，这样竞买方不会知道其他竞买方的出价，潜在买主会笼统地给出利息的初始信息，卖方就会据此确定一个更小的竞买方范围，这些竞买方才被允许报出最终的、确切的价格。卖方不必将其卖给出价最高的竞买方，如果某个较低报价的交易条款更优惠，那么这个报价可能更合适。

交易条款和价格同样重要，交易条款指的是多少以现金结算、非现金结算的利率、出价的保证金、如果竞买方退出拍卖卖方是否保留保证金，以及允许退出拍卖的合法原因（例如，通常竞买方会提出查验办公楼的结果需令其满意，否则就会退出）。而且，成交的速度——多久才能够成交——也是很重要的，因为卖方更喜欢快点成交（对卖方来说，较快的成交意味着较小的风险）。机构买方一般有必须遵守的内部程序，这就会限制其成交速度。卖方会评估所有的这些交易条款。

到那时为止，我们在圣马特奥的 400 名雇员签下了一年的办公楼租约，而且我们的雇员数量增长很快。如果房源紧俏、租金上涨，那么短期租约会显得非常被动。雪莉想购买 1450 号的票据，因为当时的票据持有人可以取消抵押品的赎回权，接管办公楼。她认为，以我这样讨价还价的能力，我在拍卖中议价的能力可能比她强。我们的法律总顾问弗雷德·哈瑞格（Fred Harring）审查具体细节，因为在任何交易中他都负责细节。而我是一个负责大局的人。

幸运且凑巧的是，所有其他的竞买方都是金融公司，在当时的租金及空置率情况下，这些公司通过给票据定价来确定回报率，事实上，在高空置率市场下，空置率难以有所改善。但是，我能让办公楼满员——我自己的雇员可以进入，他们却不能让办公楼满员。因为我能把空地变成金钱，所以我能支付更多的租金。2003 年后股票市场触底的一年，衰退近在眼前，高科技也摇摇欲坠，根据当时的租金、空置率预测及利率，雪莉猜想金融竞买方的出价不会比 1 400 万美元多多少。

为了获胜，我需要一份利息的初始信息，这样才能激励他们让我留在游戏中，我也才能给出最终的、确切的报价。这看起来也许没什么价值，但是机构卖方更倾向于机构竞买方，而不是像我一样的个人。他们会剔除个人，认为我们可能会我行我素，更愿意采用奇怪的方式，如打官司，他们不喜欢这样。因此我必须报出更好的条款。

我就是这么做的。我最初的报价是 1 350 万美元——还不错，但可能不是最高的。开始时，我不必最高，我只需报个合适的价格以进入第二轮。但是，付款条款中，我保证全部以现金支付，保证金为价款的 1/3——如果我竞得标的而又不成交的话，他们将保留所有的保证金，的确金额巨大。通常在这样规模的交易中，机构可能也只提供 50 万到 100 万美元的保证金。因此，如果我胜出但又撤销的话，他们就会扣下我的 450 万美元，同时还可以再次卖出这张票据——在选中我之前我能想到的办法就是这个。而且，我不需要查验办公楼。雪莉认为机构贷款人五年前签发 2 500 万美元的票据时，肯定尽可能做了细致的查验。就她所知，这几年没什么变化。除此之外，我还保证他们可以在任何时候成交。

我们报出如此完美的条款后，如愿进入了第二轮。此时，我保留了其他条款，但是价格却提高到了 1 500 万美元，刚好超过 1 400 万美元这一数字。我不知道其他人的出价，但是我们胜出了。票据到手后，雪莉扬言要取消业主对抵押品的赎回权，持票人很少有这么做的——这种方式太麻烦了。因为雪莉不怕麻烦，她认为这些事不算什么，统统拿下，因此业主给了她取消抵押品赎回权的契据。

金融票据的卖方不喜欢拥有办公楼——他们只想要票据的高回报。他们不会管理办公楼或者招满房客，但我们会管，这就是我们会赚钱的优势。雪莉又花了大概 300 万美元，改善了内部装修，让我们的员工搬了进来——总之，共投资了 1 800 万美元。租约中，我的公司是房客，我是业主，目前，办公楼全部租出去了，我也就收到了现金流。雪莉又调转矛头，以租约为抵押，让高盛公司借给了我们 2 500 万美元。雪莉从这笔交易中获得了 700 万美元的净现金流——在她 1 800 万美元中占 39% 多。几年前，她卖掉办公楼时，得到了一笔可观的利润。这就是地产大亨的游戏。

除非你有现金及房客，否则你就不能这么做。但是你可以找到办公楼、找到有房客的人、找到资金，然后从中牵线做成交易，就能创造财富。这就是游戏。

愚人的交易

人们总在欺骗自己。2005 年前住宅价格的飙升导致了普遍的过度自信。如果你在某个热点地区拥有一处房产，比如 2000—2005 年的加利福尼亚州，而且房子的价格翻了倍，这不是你的聪明才智使然，只是幸运而已。一个高明的地产大亨胆大，但是并不自欺欺人。

下面谈谈愚人的交易。假设 10 年来住宅一直在升值——还是以圣马特奥县为例，因为我在此长大。1995 年 1 月 1 日，圣马特奥的平均住宅价格是 305 083 美元。[3] 假定你购买的住宅只需交 20% 的首付款（在零首付潮流之前）加 1% 的交易费用，当时 30 年期固定利率住宅按揭的利率是 7.5%，因此，你每月需还款大约 1 700 美元。[4] 很快过了 10 年，2005 年刚好在市场高峰到来之前，你按平均住宅价格 763 100 美元卖掉了房子。[5] 你真的是一个会把握时机的天才！支付完 184 091 美元的按揭余额（分期付款后），还剩下 579 000 美元的盈利，减去你已支付的首付款，回报率是 849%——年均达 25.2%！这是大多数人计算地产回报率的方式，但是绝对错了。

首先，10 年中，你支付了 60 000 多美元的本金，我们必须将其减掉——应该计算按时间加权的付款——大概算一下，用你的收益减去首付款**和**本金，相除之后，回报率是 379%，年均 17%。但是按揭贷款并不是免费的，你还要支付 247 000 多美元的利息。减去这个，再计算一下，回报率变成了 174%，年均也下降到了 10.6%。

还是太高了。圣马特奥的住宅维护费用年均为 1 820 美元（天然气、水、其他杂项开支）[6]，可能你改造房屋花费了 40 000 美元，增加了一个露台 15 000 美元，还不要忘记 1995 年的交易成本和 2005 年的房地产经纪人的费用（大概 5%）。还有房产税！在圣马特奥，要按购买价格的 1.125% 支付房产税，每年提高 2%。10 年就超过了 37 000 美元。

学会正确计算回报，很少有人会考虑费用。

大概的计算结果显示，回报率是 59%，年均 3.1%，不太高。人们认为其住宅是他们最大的资产，而事实却是，它是借款购买的。你能轻易地欺骗你自己，人们会说："好吧，如果我不能自己拥有，我就支付租金。这样做值得。"的确！但是，自住房的最大价值体现为你有个地方住以及它带给你的满足感。

旧房翻新是最蠢笨的失败者才干的事儿

许多人打算买卖房产时，都想对旧房进行翻新以快速获取利润，千万别这么做。事实是，真正的地产大亨从来不翻新旧房，原因就是交易成本太高了。他们关注的是内部回报率——当地产升值时，能够带来的变为货币的收益。

以蒂莫西·比利克塞斯（Timothy Blixseth，前亿万富翁，目前正上诉一宗欺诈罪的定罪）为例，[7]他翻新了旧房。他眼看就要获得巨大的成功，但房地产崩盘（及恶作剧）却以惊人的方式击倒了他，他的生活搞得一团糟。18 岁的比利克塞斯想找到一条快速摆脱青年时期贫困的出路，因此，他花了他一生的积蓄 1 000 美元作为购买价值 90 000 美元的俄勒冈林地的定金，他是在报纸广告上看到这则消息的。为什么是林地呢？因为他来自盛产木材的小镇，他认为自己了解林地。他觉得他会很快找到买主并对林地进行改造。他向卖方保证，余款 89 000 美元 30 天内支付。

卖方知道比利克塞斯没钱而且他也找不到投资者，因此认为这会给他个教训——先卖给他林地，然后再取消抵押品的赎回权。比利克塞斯需要一个买主，而且要快。让人惊奇的是，他的这小块林地紧邻罗斯堡木材公司（Roseburg Lumber Company），这是一个很大的土地拥有者。比利克塞斯走进公司，开价 140 000 美元把这块林地卖给罗斯堡——这是个相对随机开出的价格，但看来利润丰厚，而且很快到手。他们对这笔交易很感兴趣。后来，比利克塞斯了解到罗斯堡很久以来就想要那块地，打算建一条行车通道，但是卖方讨厌罗斯堡的业主，因此专门做有损其利益的事情。[8]比利克塞斯就是太幸运了——没其他的原因。

这样，他完全被自己的能力迷住了，此后又做了几笔交易——大多数都是林地交易。他以最低的定金买下边角料，然后很快卖给木材公司，比利克塞斯可能只拥有几分钟的所有权。[9]可他被 20 世纪 80 年代极高的利率毁了，彻底破产，失去了一切，也学到了教训，不再这么干了。后来他又开始了创业，创建了另一个房地产投资组合，这次他只以他能切实持有并能转换为货币的资产（不是他只拥有几分钟的资产）为基础加杠杆。这次他踏上了成为亿万富翁的道路，但好景不长，后来他被控告侵吞了他拥有的一个豪华度假村的数亿美元，他为此在监狱中度过了 14 个月。不要违法，孩子们。

房地产崩盘后，旧房翻新格外吸引人，因为此时银行很高兴极便宜地处理取消抵押品赎回权的住房。真人秀电视节目，如美国家园频道（HGTV）的《旧房翻新后再出售》（*Flip or Flop*）显示，每天人们都在把蟑螂横行、发霉、堆满垃圾的待拆房屋变成两个月后这个街区上最抢手的住房，迅速获利 50 000 美元或者更多。因此，很容易！你也能做到！其实不是那样的，那只是编辑的魔力。现实中，翻新旧房的人都有隐名合伙人的支持，他们通过基金（可理解为减免所得税的合法手段）做各项业务，支出你看不到的费用，还要雇用许多承包商和购房人才能坚持下去。想靠自己的努力成功完成旧房翻新的任何人都是在做着旧房翻新的梦，筹集资金、施工成本、交易成本和短期资本利得税都是很大数目的支出。

> 旧房翻新是失败者走的路。

开始干房屋出租吧

准备好了就干吧。首先，找到一个经济上活力充沛的市场，有活力并不意味着价格高昂或者富足——你不需要比弗利山庄。最好的地方是有利于企业和员工的发展，而且这种发展在将来能够继续。工作决定一切。哪儿的工作好，人们就去哪儿；哪儿繁荣，工作就在哪儿——人们要购物、工作、生活、出租和承租，这不是个难以理解的概念。你不需要（或者不想去）大城市，有利于企业和员工发展的地区的三线城市就很好。

如何找到这样的地方呢？你要研究各州的所得税率和销售税率。有个捷径可走：杂志上有时有特辑，如"100 个最适合生活的地方"；《美国新闻和世界报道》（*US News & World Report*）的年度特辑中，标题为"最适合生活的地方"的文章评估了企业环境、税收条件和整体的生活质量，它们替你做足了功课！你可以 Google 一下或者登录这个网址：http://realestate.usnews.com/places/rankings-best-places-to-live。

接下来，公司合并，或者创建一个有限责任公司（LLC）。你不应该个人承担风险，而应该是你的公司承担风险。如果人们提起诉讼，公司能保护你。人们也愿意这样做！他们最好起诉你的公司而不起诉你，因为公司可为诉讼投保。

从规模小又不吸引人的房地产业务干起

从小规模房地产业务干起，而且要靠自己的努力来做（温习第 1 章就会知道为什么了）。目前的情况是你没有充足的现金做个大工程，因此，购买一套破旧的两单元联排公寓，修缮一下，住一半，另一半租出去。接下来，以收到的现金流做抵押再举债，购买一套破败的四单元空置联排公寓。与第一次购买的是同类的房产，只是这次更大了！修缮一下，你就能高价租出去了。

问题的关键是找到房客，因此，成功的套路就是购买空置房，招满房客创造价值。如果进展正常，就能覆盖成本后还有些剩余。同时，因为你招满了房客，你的公寓价格也会上涨。这是个小生意，只是投入超过了产出。做几笔这种业务，你就会有现金流和业绩记录，也就能说服投资者借给你资金购买更大的房子——

> 找到一个低税收、经济上活力充沛的地区，从小规模房地产业务干起。

也许是多单元联排公寓，或者是办公楼。然后，再以此为抵押加杠杆，购买更大的房产，带来潜在更大的现金流。就是这样。每次，关键的工作都是把空地变成货币，因为这些空地本不值钱，只有你才使之变得更有价值。

完美的形式

除了第一或第二套两单元联排公寓外，你很难从银行贷到款，因为银行对地产大亨的贷款都极为敏感，无论如何，你都不应该想着银行的贷款。银行很乐意贷款给个人，用于购买自住房，但是银行也不如我们想得那么强大。那么，如何得到融资呢？你需要说服外部投资者以完美的形式向你提供资金——土地大亨的融资方案，其思路就是设计一个既引人入胜又可以企及的计划，并将其卖给投资者。

购买软件并创立一种计划方案，大概会花费 199 美元或者更多（在 ADNet.com、Download.com 或者 RealtyAnalytics.com）。或者如果你知道如何计算摊销和折旧，那么你可以在 Excel 表格中创建一个你自己的计划方案。如果这些已经搞晕了你，那你必须购买个软件或者上个课学一学或者两者兼而有之，否则你只能找其他的路径了。如果没有完美的计划方案，这条路会布满荆棘。另外，你也可以登录城市土地学会（Urban Land Institute）的网站（ULI，www.uli.org）看看。对开发者来说，ULI 是全国性的网络支持集团，提供课程和导师。

像迷你地产大亨米娜（Mina）一样

生活中需要让步——即使不是万事俱备，你仍然可以选择这条路。我的儿媳认识到了这一点。她是一个辣妹——加利福尼亚大学洛杉矶分校（UCLA）医学院的医学博士，儿童精神科医生。米娜出生在韩国，二代移民，白手起家，满怀美国梦想。她的母亲直接从韩国移民过来，一直拼命工作，供养米娜和她弟弟。米娜有职业道德、勇气和极好的品味，爱上了我最出色的二儿子。

她也是全靠自己努力成长起来的地产大亨，以她的医疗收入为抵押借款，在伯克利这个租金受管制的城市购买了一栋破旧的老房子，有13个合法的但类似贫民窟一样的可出租单元。这栋房子因为大量空置，处于破产边缘，她可以对其进行改造，提高租金。它刚好离开地铁路线，离她妈妈工作的地方很近，因此，现在米娜让她妈妈住进这栋房子最漂亮、最好的单元（前面有漂亮的木制品和窗户），改善了她妈妈的境况，而且她妈妈还能帮忙监视房客。

接下来，米娜修缮了房子，以更高的价格招满了更理想的房客。米娜得到了借款、把空置的房子变成了货币、招满了房客，这一切都在意料之中。唯一美中不足的是，在伯克利租金要受到管制（不严重）。但是米娜还要在这儿待几年，她开始了她的医疗事业，因此不能在其他地方做出租房业务。在这个不是最理想的地方，她正尽可能做得最好，我相信她会做好的。若你处于这样一个地方，你也能做成这样，但是最好还是在称心如意的环境下做事。

你的计划方案是什么？利息成本、工程、折旧、许可证和维护保养费用，私房业主会忘记的每种成本。水电账单、房产税，每项细节都会冲击你的账本底线。然后，对增值和收入作出假设。也许你假设每年入住率达85%时，收到X美元；你设想10年间房租增长率为Y%。房屋折旧，减少了纳税。还有不同的方案。如果X发生，入住率会提高Q%；如果Y发生，房租会下降Z%（软件帮忙计算的结果）。最后，考虑所有因素后，计算投资者现金投入的可能内部回报率——为了换取定金和安全网，这是你应提供给投资者的那一部分。

现在该做什么了？卖出，卖出，卖出！你付给了他们交易的一部分，但是大部分却付给了自己的管理工作，因为只有你才会带来这一切。这有点像OPM[1]，优秀的地产大亨都是超级推销员，像创始人兼CEO一样。许多投资者会认为你的计划方案不切实际，那么你就找出哪儿出错了，并进行修正，或者

---

[1] 见第7章。

指出投资者的问题出在哪儿，并进行更正。

购买、建造，还是二者兼而有之？

你想成为什么样的大亨？像唐纳德·特朗普那样建造高档新房、购买已有房产还是两者兼而有之（实际上，特朗普的父亲从建造非高档公寓楼开始，给唐纳德留下了一大笔钱。20 世纪 70 年代中期，纽约一蹶不振的时候，唐纳德购买了曼哈顿陷入困境的大厦，这笔钱又获得了增值。随后，他开启了他的高档新阶段，继而是真人秀电视节目阶段，然后就是副总统阶段。唐纳德讨厌无聊）？建造还是购买，要区别考量。首先，要考虑下列因素。

地段，地段，还是地段

挑选对你有利的社区——这个规则既正确也不正确。如果你没有政治影响力，那你必须选择一个有利于企业发展的地方。如果你在某地有政治影响力而不是人们对你充满敌意，那么你在此地可以做的事大多数人就不能做。政治影响力是社区对你有利的另一种说法，但是可能不适合于每个人。

许多人可以在他们出生的地方做生意，但是在其他地方却不行。因为是"受宠爱的孩子"，他们因此受到当地政府当局的信任，据他们说能做他们想做的

吸引人但又合理的
企业计划至关重要。

事情。如果你在其他地方，而当地政府也真的信任你，那么你需要事先确定这是个有利于企业发展的地方，否则你就必须建立政治影响力，这样才能克服等待你的障碍。

了解法规

无论是建造还是购买，你都必须了解建筑法规（在 Google 上可以找到这些法规）及其他法规，这不是毫无价值的小事，因为法规的变化能够把巨大的收益变成彻底的损失。你就会理解为何哈里·麦克罗威（Harry Macklowe，房地产崩盘前净资产就达到了 20 亿美元，目前在尝试着东山再起）[10] 遭遇了滑铁卢。他拥有四栋老旧脏乱的房子，打算将其拆毁，建造奢华的曼哈顿多单元联排公寓。但是，当时的市长埃德·科克（Ed Koch）通过了一条法律，禁止改变这些房子的用途，因为他确信房子的住户大多数是低收入的租房户，没有其他的选择。晚上，在法案生效前几个小时，麦克罗威爆破了那些多单元联排公寓。他为此缴纳了 470 万美元的罚金，并被禁入建筑业四年。

两年后，科克市长承认他的禁令可能违宪，麦克罗威根本没等，他又开工了。[11] 市议会认为他没有这个权利，毕竟禁令仍然有效，但他还是坚持盖房，

也缴纳了罚金，建成了麦克罗威酒店。很少有人能像他那样肆无忌惮，也不会请他请的那样的律师。由此可见，许多地方的建筑业法规看起来都很愚蠢，你必须了解这些法规。

购买既有的地产会简单些，但仍然受法规的制约。这是一则真实的故事。1970 年以来，旧金山军火库（San Francisco Armory）就一直空着，在多姿多彩的教会区占了整整一个街区。这里不断尝试了各种发展规划，但都以失败告终。多单元联排公寓、普通公寓、商场、办公楼，但凡你可以说上来名字的形式，这座城市都将其拒之门外。因此，它就一直这么空着，对任何人都没有好处。可同时，旧金山却因新房供应问题一直受窘，而新房产的税收还会对其预算有帮助。但即使这样问题还是没有解决！

2007 年，在它空置了 37 年后，你猜通过了什么？就在最早创立了美国现代"成人"产业的这个城市，Kink.com 获得许可在此建造了一个在线成人电影演播室！[12] 也可以在那儿拍电影——就在军火库！高档的多单元联排公寓——根本没建。但是，世界级的色情片演播室呢？确实在这儿！你不会想买一栋只允许播色情片的楼房吧？或许你可能想买！但是你首先要清楚你的选择。

> 动手干之前，要清楚规划或者建筑业法规。

想在哪儿，不想在哪儿：这是个问题

对雇员和雇主来说较差的环境对你来说也较差，我长大的地方——加利福尼亚州，号称"黄金之州"，这个州曾经引领着潮流，美国人追随而来。但如今风光不再。加州人口正在流失，财富和高收入的人群也在流失，而吸收进来的却是没有收入、游手好闲的人。要成为地产大亨，目前它可能是最差的备选地方。它有着美国最复杂，且经常互相冲突的地方性法规。不像 10 年前，现在它的劳动法最差，保护雇主和雇员的司法体系最差——这是社会实情，而且不会改变。

起初，他们限制建房。接下来，市政专员给报社写虚假的信，声称自己被冒犯，谴责地产大亨的昂贵房地产妨碍了"中产阶级"的家庭生活！解决办法呢？得先提高所得税和销售税来敛钱，这样，他们这些政客才能解决所有问题。不可思议！

很快，供给变得非常有限，而需求却势不可当。本书第一次出版时，情况变得更糟了。2010 年以来，湾区已经准许每六个新工作只可以供给一套住房。[13] 开发商抗议，要用高档公寓楼下闪亮的、全新的零售底商取代已经倒闭的一层长条小零售商铺，但是大多数提议泡汤了。最近的一个例子中，欧文公司（Irvine Company）想在圣克拉拉市重建一个老式的自助式存储仓库，周围附带建设多用途大型住宅区：450 套公寓，一层是零售商，街对面就是一个交通枢纽。这是年轻技术人员的梦想！但是，市议会将其削减到 318 套公寓，增加对"经济适用房"的需求。最终欧文退出了，因为规定了建筑户数的上限就意味着规定了收入的上限，根本没有利润！[14] 目前，别说 450 套公寓了，圣克拉拉市一套公寓也没有。这种情况在整个半岛都经常发生。库比提诺居民的投票，意在有效阻止所有新公寓的建设，差点获得通过；而另一项投票，即阻止开发商将当地无人光顾的商场建成许多带底商的住宅，却获得了通过。这太不切实际了。

随着富人和高收入人群的逃离，需求必将下降。我的大致建议是：如果你想沿着这条地产大亨的路走下去，那么，除非你要超级的政治影响力，否则就不要选择加利福尼亚这样的地方。

致富路上的陷阱

我也选择了逃离。这个州就是致富路上的一个大陷阱，前景很差——未来的经济了无生机，而加州的消费依赖程度看起来就是有意要把高收入人群和企业（还有税收收入的主要提供人）驱逐出去。加州不仅有着各州中最高的边际州所得税和销售税——7.5%（市、县增加的附加费用最多），而且还有着最多的不利于工作的规章。选择这条致富之路时，要尽量避免这样的地方。可以选择华盛顿试试，我搬到了这儿，感觉太幸福了（唯一的遗憾是，这里没有我喜欢的红杉树）。在这儿生活，便宜、干净、愚蠢的限制少之又少。目前，我公司业务的大部分都在这里，员工的生活条件比起加利福尼亚的同事要好太多了。我希望更多的人看到这条消息，加入到我们这边来，但是对于一些人来说，目前是否离开湾区还是要权衡一番的。

到有利于经济繁荣的州去吧（如免收或很低州所得税的各州）。

不知疲倦的纳税人

具有讽刺意味的是，加利福尼亚也知道其面临的困境，州里也在追踪逃离的人们！如果你是一个纳税大户，还想离开，那么通常会有人跟踪你、查你账，并不断给你寄税单——你离开之后很长时间还在给你寄税单！按照州里的观点，如果你是因为避免欠税而选择逃离的话，那么你还是欠税。州法律的设立有意为难逃离的人，因此，成功做到逃离需要掌握各种各样的细枝末节。如果你正在考虑避免缴纳州税收，到其他地方做地产大亨的话，那就专心研究这些法规吧。你可以聘请一位顶级纳税律师。

人们不断惊叹于阳光明媚的加利福尼亚的持续税收要求。[15] 我的朋友格罗弗·威克沙姆（Grover Wickersham），自己是个律师，对这本书和我之前的书提出了建议并帮忙进行了编辑，他很久以前也离开了加利福尼亚，去了伦敦。他和他的妻子成了英国公民，在那儿还有了孩子林赛（Lindsey），现在已经 9 岁了。直到 2008 年，加利福尼亚才不再因为所得税问题而打扰他。他永远不会再回来了，其他人也不会再回来了。

经济学家阿瑟·拉弗（Arthur Laffer）和史蒂芬·摩尔（Stephen Moore）指出，加利福尼亚 25 000 多个七位数收入的家庭中，"5 000 多个家庭在 21 世纪早期就选择了逃离"。[16] 他们去哪儿了？1997—2006 年净流入的前 10 个州包括免税的佛罗里达、得克萨斯、内华达和华盛顿各州，这也是你想去的地方。或者是田纳西州，这里只对红利和利息收入征税。前十名还有亚利桑那州、佐治亚州、北卡罗来纳州、南卡罗来纳州和科罗拉多州，因为这些州的税率相当低（如表 9.1 所示）。[17] 而这些州里的人来自于哪儿呢？主要来自于高税收的纽约州和加利福尼亚州。10 年中，纽约州流失了 200 万人口！加利福尼亚州净流失了 130 多万！[18] 但是，流失的都是高收入人群，而不是最贫穷的人。地产大亨都是钱去哪儿，人去哪儿。更好的做法就是，钱未到，人先到。

最适合地产大亨的各州

为了进一步引导地产大亨的去向，看看 10 多年来有生产能力的人净国内流动动向。

表 9.1　最适合地产大亨的各州

2005—2014 年人口净流入最多的各州		2005—2014 年人口净流出最多的各州	
州	净流入（人）	州	净流出（人）
得克萨斯州	1 353 981	纽约州	1 468 080
佛罗里达州	834 966	加利福尼亚州	1 265 447
北卡罗来纳州	641.487	伊利诺伊州	669 442
亚利桑那州	536 269	密歇根州	614 661
佐治亚州	406 863	新泽西州	527 036
南卡罗来纳州	343 700	俄亥俄州	375 890
科罗拉多州	315 015	路易斯安那州	230 747
华盛顿州	286 312	马萨诸塞州	156 861
田纳西州	281 998	康涅狄格州	153 918
俄勒冈州	195 898	马里兰州	145 560

资料来源：Arthur B. Laffer, Stephen Moore, and Nathan Williams, "Rich State, Poor States: ALEC-Laffer State Economic Competitiveness Index," American Legislative Exchange Council（2016），Washington, DC。

作为一个新晋地产大亨，你不会为富人建造高档的房地产，对吗？但是，如果高收入人群选择逃离的话，那么经济的繁荣景象就会退去，房产价值、租金、出租收入都会下降。因此，富人在一个地区所占的比例越高，对地产大亨越有利。资金去哪儿，人就会去哪儿。

总的来说，离开失去工作的地方，去能得到工作的地方。寻找没人想要但可以廉价购买到的房地产，因为你可以很快将其变成货币。举债购买，而且抽出的资金要多于你投入的资金，速度还要快，但是不要将其卖掉或者进行旧房翻新。要持有房产，并运用房产带来的不断增加的现金流借到更多的资金，购买更多的房产，无限地重复这个公式。不断保持现金流，不断举债；不断找到投资者，为你的投资行为提供首付款。你就是一个侦查员、企业家、建筑师、买主、借款人、设计人、销售员、设法赚钱的人——所有这一切才能让你成为地产大亨。

与大亨有关的书

上述内容只是大致的原则。如果人们想从战略高度把握地产大亨的职业，那么多读读下列这些书籍吧。

1. 埃里克·泰森（Eric Tyson）和罗伯特·克里斯沃尔德（Robert Griswold）的《房地产投资指南》（*Real Estate Investing for Dummies*）。傻瓜书虽然总有着傻傻的标题，但是对于新手来说却是很好的指南——而且可以引导人们阅读更多的书。埃里克·泰森是我的一位朋友，值得信赖，内心总是想着他人的利益。威利出版社出版了傻瓜系列书！你还想要什么呢？先读读这本书吧。

2. 大卫·柯鲁克（David Crook）的《华尔街日报房地产投资全指南》（*The Wall Street Journal Complete Real-Estate Investing Guidebook*）。在《华尔街日报》，人们总是出版易读、方便的参考书，这本也不例外。

3. 艾拉·纳凯姆（Ira Nachem）的《房地产开发融资全指南》（*The Complete Guide to Financing Real Estate Developments*）一书，介绍了获得融资的具体细节，它还告诉你如何轻松创建详细的计划方案，这样你才能找到投资者，而且以后不会激怒他们。

4. 史提夫·伯格斯曼（Steve Bergsman）的《特立独行的房地产投资》（*Maverick Real Estate Investing*）。这本书介绍了较多大腕的事迹，对于想听常规建议的人来说不太适合，但是如果你预期适当，也可以读读。读完之后，可以再读读伯格斯曼的另一本书《特立独行的房地产融资》（*Maverick Real Estate Financing*），它对想做较大生意的地产大亨来说值得一读。

成为地产大亨的指南

1. **学会爱上杠杆**。举债并不坏，这么做很好！除非你靠杠杆借债，否则你就不能获得不错的地产大亨的收益。克服恐惧，否则就选择其他道路。

2. **将其变成货币**。发现没人想要的好价值，招满房客，战胜他们。如果你能发现别人没有发现的价值，那你就能获得好价钱。招满房客，你就会立刻取得现金流，作为为下一笔交易举债的担保。

3. **不要欺骗你自己**。对于收益情况，即使富有经验的购房人也会欺骗他们自己。拥有房地产要花费相当大的成本，这会侵蚀你的收益。

4. **不要做旧房翻新的人**。我不关心你认识的人中有多少人通过购买取消抵押品赎回权的房产而发了横财，并对其进行旧房翻新，但我还是建议你也不要这么做。破产和取消抵押品赎回权虽然不错，但是旧房翻新注定是短期的游戏，是死路一条。

5. **找到有生机活力的市场**。在富足的市场上，你不必建造／拥有房产——对新手来说太过昂贵。你只需要一个能保持或正在变得繁荣的地区。

6. **创建计划方案**。没有企业计划，你就找不到投资者；没有投资者，你的事业就做不大。你的计划方案就是你的全部，上个课，学学如何创建计划方案或者在网上购买计划方案软件。

7. **了解法规**。在建房或买房之前，你需要了解即将面临的晦涩难懂的建筑法规和地区规划条例。预先做好计划，提防镇上的左翼分子以减少代价高昂的拖延。

第 10 章

更多人选择的致富之路

你喜欢平淡、能预测的道路？那么这条可靠、有把握走得通的路属于你。

最没有戏剧性但又最可靠的致富之路就是存款后通过投资获得良好收益。这很有美国风格——符合清教徒的教义，深深扎根于犹太教与基督教的品德价值观里。节俭和勤勉一定会带来收获的。这条路足够宽，每一个在这条路上的人都会有收获。这条路在几十年间催生了上千本入门书籍，范围从苏茜·欧曼（Suze Orman）到《邻家的百万富翁》（*The Millionaire Next Door*）。

第一个步骤是存钱。事实上：有些人就是存不下钱——不管他们的收入是多少。有些人年收入能达到 50 万美元，然而他们依然能把这些钱全部花光。有些人天生就很节俭，有些人可以逐渐提高节俭能力，还有些人永远不懂得节俭。但是存钱是一个必做步骤。

第二个步骤就是获得良好的投资回报，但是绝不会是惊人的回报。复利的神奇力量可以确保即便是个地位和收入最低、兼职捡垃圾的人，只要他每年存上几千块钱，也能得到一笔不错的收益。他们能上《福布斯》排行榜吗？不会的，不过每个人都可以成为百万富翁。

请注意：100 万美元一点也不多！如果你明智地投资的话，一年之内，你可以通过这 100 万美元挣回 4 万美元的现金流（原因我会在之后详细叙述）——但这并不足以让你感到富有。但是有一份还可以的工作并严格要求自己，挣 1 000 万美元并不夸张。这条路并不会令人兴奋，节俭从来就不是一件令人兴奋的事，但是有个好消息：这条路不需要学位——即便是高中文凭也不需要（但是良好的教育的确可以让你获得收入更高的工作）。这条路与少数人选择的路正好相反，这是一条很常见的致富路。

收入很重要

为了存更多的钱，你必须挣更多的钱——就是这么简单。与医生相比，捡垃圾的人肯定存不了那么多钱，但这也不意味着医生能存下更多钱——他们花钱大手大脚已经臭名远扬了——但是可能性还是存在的。选一个报酬高、你喜欢又有价值的重要领域。如果你处于一个正在没落的行业，那就换一个工作。如果你居住在一个工资不高的地方，那就换一个地方。选哪里？最好是得克萨斯州、佛罗里达州或华盛顿州！这些地方都不征收州收入所得税，而且 10 年后，与税收高的州相比，会有更多高收入的工作 [①]。

对于任何职业，都要考虑一下成本 / 收益的结果。你需要为上学和实习工作付出多少时间？这到底值不值？重温下第 1 章和第 7 章，看一看哪些行业未来能成为重要的领域或保持重要领域的地位。有些人可能会愤怒地大喊："你应该从事你热爱的行业！"没错，但像玛丽莲·梦露说的那样——我的天啊，你热爱的行业能给你带来丰厚的报酬难道不是一件更好的事情吗？如果你热爱的工作真的是社会服务、做幼儿园老师或缝被子，这没问题，那你就应该注意节俭。这可是能做到的！我的客户有邮递员、老师、警察等，他们也完成了这一壮举。都是节俭的功劳！

找工作

无论是开启新的职业生涯还是更进一步，你都应该读一读《你的降落伞是什么颜色？》（ *What Color Is Your Parachute* ？ ）这本书，这是理查德·尼尔森·鲍利斯（ Richard Nelson Bolles ）的经典著作。第一版出版于 1970 年，之后每年再版，这本书会帮助你确定你职业生涯中真正想要 / 需要的东西。可能你会发现你根本不想要财富！就算找到了一份高收入的工作，但如果你很痛苦，你也不会坚持做下去的。

好啦！你知道你想做什么了，那么现在你要找一个比同类公司工资更高的公司。别理那些求职类的网上博客和聊天室，那些想找工作但对公司又一无所知的人天天在上面逛巡，但这类博客和聊天室常怀着误导的目的，故意招惹那些现在在任或之前在任的员工。我认识一个人，他儿子告诉我他所有求职技巧都是从聊天室里学来的。我直到现在也没找到一个优雅的方式告诉这位父亲，他儿子是个白痴。

> 做你热爱的工作——但如果你热爱的工作能给你带来高收入，那就再好不过了。

作为替代方式，你应该像一个私募基金经理一样思考问题。拿起《华尔街日报》，读一读你目标行业的信息。找几个在这个行业内你认识的人，采访采访他们。他们都很有洞察力，很有可能对你的访谈有帮助，而且他们能知道哪家公司付多少工资的内部消息。这么做的另一个好处是：当你向别人请求建议

[①] 如果你想知道为什么有些州更好，有些州更差，可以仔细阅读一下第 9 章。

的时候，你会引起他们的好感。现在，你对他们进行了感情投资，他们就愿意提供帮助。如果他们帮你找到了工作，这对你来说是一件好事，同时也会提升他们的自我价值感！

极力推销

找工作这件事与其他推销辞令一样，而你就是商品本身。选择任何道路，你都必须推销你自己！推销得越好，你得到高收入工作也就会越快。拿一本杰伊·康拉德·莱文森（Jay Conrad Levinson）和大卫·佩里（David Perry）合著的《求职者的游击营销 3.0》（*Guerrilla Marketing for Job Hunters 3.0*），别理"外包"会有问题的胡言乱语。总的来说，这是一本不错的求职书。而托尼·伯希拉（Tony Beshara）所著的《解决找工作问题的方案》（*The Job Search Solution*）也提供了独特而有帮助的深刻见解。

把你的简历发布在 Monster、Indeed、LinkedIn 这样的求职网站上，但这还不够，你必须推销你自己，这跟人际关系网有关。打电话给那些不雇用员工的公司，请求一次信息性面试。和你朋友的朋友的朋友的朋友的朋友共进午餐，问问他们在做什么。如果你觉得很吸引人，请他们提供帮助。不要忘了，你需要一份措辞良好的、专业的简历，所以你需要读一读斯科特·班尼特（Scott Bennett）所著的《简历风格要素》（*The Element of Resume Style*）。

> 找工作就像极力推销一样。让你的推销工作变得完美吧，这样你就能获得更多的职位邀请。

面试之前，和你的朋友联系一下，注意不要主动说出你的个人信息。讨论你的个人信息第一会让人觉得很怪异吓人，第二会让你的面试官对你失去兴趣。所以，为了出色地完成面试，你必须把个人信息扔到家里。

即便得到了工作，你也还没完成你的任务。你要一直推销自己，把自己看做是一名合作伙伴或潜在的 CEO（读一读那些章节，你会在其中找到小技巧，帮你成为收入丰厚、成绩突出的人）。你可能需要作选择——你是想提高深度成为专家呢？还是提高广度成为经理呢？两种选择都可以为你带来高收入，但在你的领域里，有一种可能会为你带来更高的收入，永远不要停止研究和推销你自己。你可能根本不想这么努力地工作——这是你的选择，但是你挣的钱越多，你能存的钱就越多。你能存下的钱越多，你能用的钱就越多，你也能在这条路上变得更富有。

储蓄的关键所在

实际上，你应该存多少钱呢？先选择退休年龄，然后算一算你需要什么，用财务计算器或 Excel 表帮你算算（如果你不想用任何一种方式的话，你可以找个年轻人来帮你）。想想你打算 X 天挣到多少钱。200 万美元够吗？ 1 000 万美元呢（如果比这个数字多很多的话，那你就需要一个收入超高的工作了，或者你应该选择其他的道路）？你将来需要的收入（扣除通货膨胀因素）比你现在需要的收入多还是少？你的孩子们会完成学业吗？生活会更便宜吗？你可以为了挣更多的钱放弃在家休假或放弃外出度假吗？考虑过其他收入来源吗？有些顾问建议你要积攒出你退休后花销的 70%。不！这取决于不同的人——有的人需要更多，有的人需要更少。以今天的物价，选一个数字——保险起见，稍微多算一点。接下来，根据未来某个时点的通货膨胀进行调整。

你具体该做点什么呢？很简单，即便下面的公式看起来很吓人。总的来说，你需要先假设一个通货膨胀率。接下来，选一个未来的时间——我们就算 30 年吧。然后，你需要计算一下通货膨胀让如今的货币总额增加了多少（即复利）。为了完成这些事，你需要用到下面这个公式：

$$FV = PV \times (1+R)^n$$

给那些忘记统计学的人提个醒，FV 是复利终值（*future value*）——按复利计算的，当今的 1 美元未来的价值金额。PV 是复利现值（*present value*）——也就是当今货币的数额。R 是利率（*interest rate*）——也就是我们用来代替通货膨胀率的数值。n 是现在和未来之间间隔的年份。

为了在未来靠如今价值 100 000 美元的钱生活，算一算 30 年后，在平均通货膨胀率为 3% 的情况下，如今的 100 000 美元值多少钱。计算方法就是 100 000 美元乘以 1 加 3% 的 30 次方。可以用 Excel（里面有计算复利终值的捷径）或者计算器来计算：

$$\$100\,000 \times (1+3\%)^{30} = \$242\,726.25$$

⬈ 4%？

我曾经说过，只要你做投资，如果你不想让你的钱被消耗干净，一般情况下你每年不要从你的证券投资组合里拿走超过 4% 的数额。但是股票的长期年利率不是能达到 10% 吗？的确有可能，但取决于你查看的是哪段周期。这难道不意味着你每年可以取走最多 10% 的数额吗？当然不，除非你想很快把你的钱消耗干净。

不同年份，股票的收益波动幅度很大，而极端收益值比平均收益值要"正常"得多得多，这一点在图 10.1 中很好地体现了出来。股市出现大幅下跌的年份比你想象得要少很多，但在你的一生中，肯定会经历几次。如果你在某个大萧条年份拿走 10% 的话，那你不仅需要弥补大萧条带来的损失，还要创造出一个额外的 10% 抵补拿走的部分。随着时间的流逝，这个数字会逐渐加大。

通过蒙特卡洛模拟（Monte Carlo simulation，可以在 http://www.moneychimp.com/articles/volatility/montecarlo.htm 上面找到），你会发现只要你做投资的话，4% 或更少的年股利派发额都会让你的证券投资组合有最高的概率延续下去。

你每年大概需要 243 000 美元（如果你假定的通货膨胀率更高，这个数额会变得更大），那么你每年存多少钱才能实现这样的生活呢？这更简单。只要你投资的话，为了让你的证券投资组合能延续下去，一般来说，你每年不应该从现金流里提取超过 4% 的数额。所以你就用 243 000 美元除以 4%，你会得到 6 075 000 美元。因此，需要存 600 万美元。

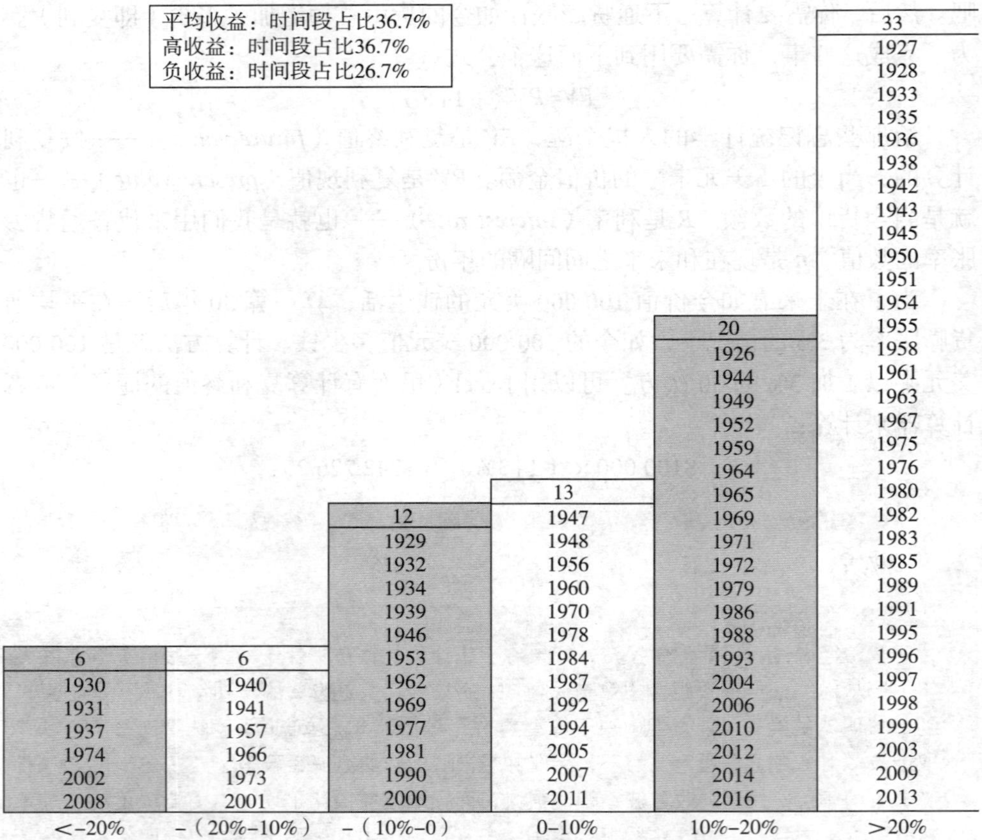

平均收益：时间段占比36.7%
高收益：时间段占比36.7%
负收益：时间段占比26.7%

<-20%	-（20%-10%）	-（10%-0）	0-10%	10%-20%	>20%
6	6	12	13	20	33
1930	1940	1929	1947	1926	1927
1931	1941	1932	1948	1944	1928
1937	1957	1934	1956	1949	1933
1974	1966	1939	1960	1952	1935
2002	1973	1946	1970	1959	1936
2008	2001	1953	1978	1964	1938
		1962	1984	1965	1942
		1969	1987	1969	1943
		1977	1992	1971	1945
		1981	1994	1972	1950
		1990	2005	1979	1951
		2000	2007	1986	1954
			2011	1988	1955
				1993	1958
				2004	1961
				2006	1963
				2010	1967
				2012	1975
				2014	1976
				2016	1980
					1982
					1983
					1985
					1989
					1991
					1995
					1996
					1997
					1998
					1999
					2003
					2009
					2013

资料来源：Global Financial Data，Inc.，and FactSet；S&P 500 Total Return，1926/12/31-2016/12/21，因为四舍五入，百分比总额可能不是 100%。

图 10.1 平均收益并不是通常能实现的

存 600 万美元？？？

这看起来实在是太多了。你该怎么做才能存这么多钱呢？这可是相当于 30 年间每年储蓄 20 万美元，基本没人可以做到这一点。所以选择这条路，意味着你应该将更多的钱进行投资，储蓄少一点。随着时间的流逝，通过复利的魔力，你会得到 600 万美元。所以你每年到底该存多少钱？

$$（i \times FV）/[(1+i)]^n-1=PMT$$

PMT 是你的支出——也就是你每年应该存的数额，是我们尝试着计算的数字。i 是利率——对你未来能收到的收益率的假定值，从现在到你希望开始取钱的那一年的间隔年数是 n，而 FV 还是你期望的复利终值——在这个案例中是 600 万美元（如果这个吓到你了，Excel 里有一个你能利用的功能——你只需要记住复利终值就可以了——或者你可以寻求年轻人的帮助）。

在这个练习中，假定 i 是 10%（这大约等于我预期中的长期股市收益率的平均值），FV 是 600 万美元，而你会在 30 年后退休（n）：

$$（10\% \times 600 万美元）/[（1+10\%）^{30}-1]=36\ 475.49 美元$$

所以为了得到 600 万美元，你需要在 30 年间每年存 36 000 美元，也就是一个月存 3 000 美元。看起来还是很多？这就是为什么高收入工作会给你带来帮助了。但是，每年存款达到 36 000 美元并不是一件困难的事：

■ 2017 年的个人退休储蓄计划 401（k）（一种养老制度）中缴纳上限值是 18 000 美元（而且，这会减少你的纳税义务）。

■ 像我公司一样，如果你的雇主再按你个人退休储蓄计划 401（k）缴款额的 50% 配给到个人退休储蓄计划中，这就是额外的 9 000 美元（这可是白给的）。

■ 向 2017 年你的个人退休账户（IRA）缴纳上限值——5 500 美元。

现在，已经有了 32 500 美元。只要每年在纳税账户再存上 3 500 美元就可以了——也就是每个月存 292 美元。太简单了！如果你结婚了，让你的配偶通过 401（k）和/或 IRA 来存款。可能你存的每一分钱都可以延迟纳税！

每年存 36 000 美元现在看来可能是一件遥不可及的事情。你应该放弃吗？不！利用 Excel，并设想一下每年该怎么做才能提高储蓄值，按假定的收益率，在这条路上跌跌撞撞地走下去，直到实现目标值。坚持计划，记住，货币是有时间价值的——早期的存款值更多钱。在尽可能早的时候存尽可能多的钱，这样你之后的日子就会轻松很多。就是这么简单！

> 估算一个理想中的终值并创立一个存款计划表。坚持下去吧。

几年的时间有什么影响？影响巨大。一个 25 岁的人如果想在 60 岁的时候存款达到 600 万美元的话，只需要每年存上 22 000 美元（假设收益率是 10%）。加上雇主的配给，你的个人退休储蓄计划 401（k）能缴纳上限值，向你的个人退休账户也缴纳上限值，这就够了。但是从 40 岁开始存的话，为了实现你的目标，你要么每年必须存上 105 000 美元，要么在 60 岁不退休，要么就放弃 600 万美元的美梦。你决定吧。

假设通货膨胀率是 3%，收益率是 10%，根据这些数值估算一下。举个例子，可能你是一个悲观主义者，你的观点是未来 30 年股市的平均收益率只有 6%，那你就必须存更多的钱。我并不是说每年存 36 000 美元是一件很简单的事，我只是说你应该知道你需要多少钱，作个计划，实现目标，坚持下去。

我该怎样存款呢？

一个高收入的工作可以帮助你实现你的目标，节俭也会帮助你。市面上有很多本书在宣扬如何节俭——我甚至不需要列出它们的名字。这些书都是同一个主题的变形：不要喝摩卡三倍焦糖拿铁，还上你信用卡上欠下的债务，别去品牌店，在折扣店、二手店或亿贝网上购物，买二手车，多在家用餐、少出去用餐。完全不用过脑子。有些人就是做不到这一点——就是做不到。如果你能做到，太好了！如果你做不到，你应该重新为你的大脑进行编程（这很难）或找一份工资更高的工作。

如果你认为你不能存那么多钱，那么下面的内容会让你大开眼界。想象一下你存多少钱，看一看你 30 年后会是什么样。假设去年你存了 2 000 美元。算一算复利终值（现在你应该是这方面的专家了）：

$$PMT \times [(1+i)^n - 1]/i) = FV$$

你向你自己保证过你下一年会存更多的钱。你会吗？用一下之前 i 和 n 的假定值。你的 PMT（每年存款的数额）是 2 000 美元：

$$\$2\,000 \times [(1+10)^{30} - 1]/10\% = \$328\,988.05$$

存 2 000 美元会为你带来 329 000 美元——在 30 年后每年你才能拿到 13 000 美元（相当于 2015 年的 6 150 美元），那可不是致富之路。

获得良好的收益率（购买股票）

我们一直使用 10% 来作为我们的假定收益率，而事实情况是，只有很少一部分人可以做到这么好。即便这并不很难，但绝大部分的专家也做不到。

那你怎么才能做到呢？很简单——投资股票，而且差不多要一直这么做。在全球范围内进行多元化投资，可以使用摩根士丹利世界指数（MSCI World

Index）或 ACWI 指数（www.msci.com）作指南。你必须很清楚你的目标、时间跨度和需要的现金流，我是股票的粉丝，因为它们的长期收益率很可观。全额购买股票的投资方式对那些短期投资的人来说是错误的。假设你的存款不是为了在 5 年后买房子（买房子可不是投资），那么对于选择这条路的你来说，这个方法就适用。根据定义来看，这一章意味着你要有一个长期的增长目标，需要投资股票，而且基本上每时每刻都是这样。

为了躲过即将出现且持续时间很长的市场低迷时期，有时你可能会持有现金或债券，它可以大大地帮助你规避股市波动的风险。如果你的投资标的是全球摩根士丹利世界指数，它一年下降了 20%，但是你只亏损了 5%，你就以 15% 的差距打败了股票——这很了不起。比起媒体所说的熊市来说，真正的熊市更少见，而且如果你真的知道如何把握时机，你应该去走 OPM 这条路[①]。

大多数人的投资周期比他们想象得都要长得多（我们之后马上就会讨论这一点），如果你对逐渐增长并不感兴趣，你就不会阅读一本教你如何致富的书籍了。

> 为了在这条路上致富，你必须持有股票，基本上每时每刻都持有。

预期寿命很难预测

把所有的钱都投入股市里会吓到你吗？其实这样做的风险比大多数人想象中的都要小，因为他们全部都错误地设想了他们的投资周期。人们会这样想："我今年 50 岁，我想在 60 岁的时候退休，这就是 10 年，所以我应该有 10 年的投资周期。"这种想法十分错误！除非你想耗光你的钱，要不然你的投资周期应该和你需要你资产延续下去的时间一样长——一般与你的生命或你配偶的生命一样长（至少与你两个的生命一样长）——如果你要把钱留给你的孩子们，这个时间会更长。

即便那些正确地理解了这些道理的人也经常犯错误——他们低估了他们活下去的时间。图 10.2 是根据国税局死亡率统计表获得的预期寿命的中位数、75% 概率的预期寿命和 95% 概率的预期寿命。x 轴代表当前的年龄，y 轴代表当前年龄后还有几年的寿命。虚线代表的是预期寿命的中位数——对于 65 岁的人来说是 85 岁。

所以从平均数据来看，一个 65 岁的人能再活 20 年——如果你代表了平均数的话，一半的人会活得更久。如果你很健康，而且出身于一个长寿的家族，你很可能会活得更久！更何况，你应该假设你属于活得长的那一方，这样你才

[①] 参见第 7 章。

不会遇到刚活到 85 岁就把钱花光的情况。一个健康的 65 岁的人应该至少规划 35 年的投资周期，而且预期寿命一直在上涨。如果你现在还年轻，当你到 65 岁的时候，预期寿命的中位数将会变得长得多。

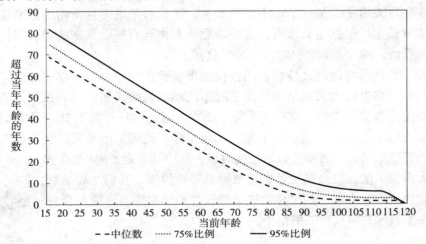

资料来源：IRS Revenue Ruling 2015-53 Mortality Table。

图 10.2 预期寿命

结果呢？活得更久意味着要持有更多的股票，而且要持有得更久。图 10.3 揭示出，要按照你能投资的时间跨度，认识股票风险。如果投资时间跨度超过了 15 年，这就是你的致富之路，那么你就可以选择以全额购买股票的投资方式进行投资。

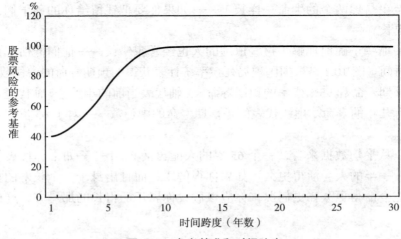

图 10.3 参考基准和时间跨度

目标混乱

投资者会犯的另一个错误是确定目标。大部分投资者无法用简短的话语清晰地表达他们的目标，我们认为我们是独特的（我们的确是独特的——正如其他任何人一样），我们的目标也必须是独特的。不。金融行业喜欢用复杂的调查和问卷来搞晕你，这样他们才能为他们昂贵的服务找到说辞。总而言之，只有三个主要的投资目标：

1. **增长**。为了支付你日后的生活开销，或者为了尽力应付对现金流的需求，你需要你的钱尽可能地增多。或者你可能只是想给子孙们、患上白化病的雪豹或是为任何你热爱的东西留下一大笔钱。

2. **收入**。你现在或在不久的将来就需要现金流去支付生活中的开销，而且只要你能得到你要的现金流，你真的不在乎增长。

3. **增长和收入**。前两项的组合。

这些目标中的一项就能 99.993% 地符合你的要求，我还没有算上保本。这听起来很不错！但这意味着你不需要承担风险，只是也不会得到增长——如果选择这条致富路，那么对你毫无帮助。真正的保本策略意味着以通货膨胀的速度流失金钱。在保本的同时保持增长是金融行业的一个童话故事，就像零卡路里蛋糕一样。不可能，永远不可能！为了增长，你需要承担风险，而保本应该不需要承担风险。不论他知道与否，那些向你推销这种策略的人都是在诱骗你。如果你选择了这条路致富，那你能买的股票越多越好。

正确的策略

现在你懂了，你需要股票，最好是全球范围内的，像摩根士丹利世界指数。然后干什么呢？绝大多数情况下，要按照你的参照基准进行投资。听起来很简单，对吗？但是我告诉你我无数次听到过这样的话："对，我需要一个股指基准，但是股票现在吓到我了。我持有债券或者现金的话会暂时安全一会儿。"人们认为持有大笔现金或者债券是安全的行为，债券会降低波动性，这很安全——是这样吗？

错了！当你需要以全额购买的股票作为参考基准时，持有现金和债券的风险极高！你严重偏离了你的计划——这提高了你错过目标的概率。那样做并不安全，很危险。如果你的参照基准是一年增长 30%，但持有债券只能让你的资金增长 6% 的话，你可能会很轻松，但你却落后了 24%。你现在落后了，而且差距很大，这样此后你平均每年都要以 1% 的比例击败市场——这很难做到——而且必须持续 24 年，这样你才能弥补这一差距。

进军全球

为什么要强调全球呢？标准普尔 500 指数难道还不够吗？如果你算上新兴市场的话（你通常应该这么做），美国的股票仅占全球的 41%。[1] 如果你不在全球范围内投资的话，你会错过很多机会——包括降低波动性的机会。为什么呢？你的指数范围越宽，你的路途就越平坦。

想想范围极窄、波动性极大的纳斯达克吧——20 世纪 90 年代末期，纳斯达克指数经历了一次激增，随之而来的是陡降，盈亏相抵。而在这期间，自科技泡沫高峰以来，世界股票上涨了 78.9%。[2] 范围越宽的指数，波动越平滑，而全球指数的范围最宽。图 10.4 显示了美国和外国股票市场收益的对比，由图可以看出，很多年来，往往一方超过另一方。你只是不知道接下来哪一方处于领先地位，因此，只有进行全球投资才能拥有这两方的好处。如果你确实知道哪一方会更好，再次声明，做个 OPM 从业人员吧。

> 通过在全球范围内投资的方式，聪明地进行投资吧。

保守策略还是积极策略？

现在干什么呢？你想在投资上花多少时间，而不是选择另一种方式？即专注于工作，尽可能赚钱，存起来，之后用于投资。如果你打算花很长的时间，我会说："真的吗？"如果你想走这条致富路，你可能就不会有太多的闲暇时间来成为某个艰难行业的专家，事实上大多数选择这行的人都以失败告终。如果你已经下定决心，那么请读读我在 2007 年《纽约时报》的畅销书吧：《投资最重要的三个问题》，书中包括了你需要知道的所有内容。

不要相信"神奇的公式"或者"你想要的就是这些种类的股票，没有其他的了"等诸如此类的言辞，大多数投资类书籍都会让你误入歧途，因为他们都是基于错误的假设，即假设某一种规模、某一种方式或某一类股票永远最好。完全错误（我在前一版书中也对此做了大量的论述）！事实上，长期击败市场的唯一方式就是要不断了解其他人不了解的信息，这当然难以完成，但这只是个提醒。

如果你的时间很少而又要选择这条致富路，那么你能做的就取决于你有多少钱，以及你想保守投资还是积极投资（保守的意思是在市场上正常投资，取得市场化的回报；积极的意思是以不同于前者的投资策略，尽量击败市场）。如果只有不到 20 万美元，那你只能选择保守投资。

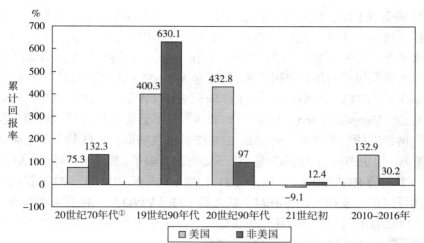

资料来源：FactSet，2017/01/12；标准普尔 500 总收益指数；MSCI EAFE，包括 1969/12/31-2016/ 12/31 期间的净股利。

图 10.4　美国和外国股票市场收益的对比

尽管很多人想尝试积极投资，但是有 4:1 或更高的概率你会落后于市场——概率巨大。不到 20 万美元的投资，主要应该通过共同基金进行。许多人都是这么做的，但是代价高昂，税收上也不经济。你实际真的是遭受了损失，但却会收到因盈利而产生的税单——税收方面非常不划算。既然你拥有这只基金，基金就是按已实现的收益来征税的。只有美国如此！除此之外，其他国家不是这样处理的。

接下来的结果是，大多数基金落后于市场。没办法知道哪只基金会落后于市场，哪只基金不会，因此，对于你来说概率会很高。如果你采取多元化策略，积极地持有几只共同基金，那么你几乎注定会落后于保守型策略。

正确地采用保守策略

你可以很容易地采取保守策略！就像我写的，整个世界的股票市场，美国占 41%，其他发达国家占 47%，新兴市场占 12%。[3] 在某个便宜的地方开个经纪账户——我不在乎是哪里，有折扣的网上经纪人也是不错的。现在，购买指数基金或者交易型开放式指数基金（ETF——市场纯粹的保守产品，但却像股票一样征税，而不是像基金那样征税），用来与其在全球的权重相配比。购买 41% 左右便宜的标准普尔 500 指数基金或 ETF；47% 的欧洲、澳大利亚和远东（EAFE）

---

① 译者注：英文原书为"1970s"，故翻译译为 20 世纪 70 年代；译者认为此处可能应为"1790s"即 18 世纪 90 年代。

的指数基金或 ETF；12% 的新兴市场指数基金或 ETF。如果你有储蓄，那么再按同样的比重多买些。然后，放在那儿不管就可以了。这么做的出发点正如同第 8 章罗恩·波佩尔说的那样："把它放在一边，忘了它。"几十年都别动它。

你要确保你买的基金费用低廉。对标准普尔 500 来说，你可以购买"蜘蛛"ETF（"Spider" ETF，股票代码 SPY）、安硕 ETF（iShares ETF，IVV）或者先锋指数基金（Vanguard's index fund，VFINX）。不管你选择哪只，都要确保你买的是价格低廉的、单纯的、普通的 ETF 或者指数基金。一些基金类别采用定价高的策略，但也声称为"指数"基金，不要上当受骗了，要节俭。对于 EAFE 来说，考虑一下安硕 ETF（EFA）、先锋 ETF（VEA）或者 VDMIX。对于新兴市场来说，你可以购买安硕 ETF（EEM）或先锋 ETF（VWO）。对于这些基金，你的经纪人可能有不同的额外费用，也可能没有。除了大概 30 个基点的费用不同外，ETF 和指数基金区别很小——选择价格较低的。

我不能强调"选择枯燥、普通的指数基金或 ETF 就足矣"的重要性。保守型基金越受欢迎，积极策略越会极力冒充成保守策略。这只是个品牌策略而已，一些商家创造了新的商机"指数"，而后就推出一只基金来反映这些指数。嘿，这就是指数基金！有各种新奇的指数，有的是为高于最低账面价值的公司编制的，有的是为将其一定比例的自由现金流又投入业务中的公司编制的，还有的是为妇女开办的公司编制的，以及其他的商机标准——经常随意确定，一些指数甚至是积极管理型的。我对这些策略中的任何一种绝无不敬之意，但是它们不是保守策略。它们是积极型策略，总是假定某一种类型的公司更好。它们各有千秋，但我的忠告是：忘掉这些噱头，请记住，长期看，枯燥的最好。

求助他人还是靠自己？

你有 20 多万美元？太好了！现在你可以归入投资个股行列，这样会更便宜，税收方面更经济。人们很少注意到这些，但是在费用率、经纪人费用等方面的确支出很多，你会支出共同基金的 2.5% ~ 3.5%，或者更多。

如果你有 20 万 ~ 50 万美元，那么 ETF 策略会使你损失较少，较经济（记住：ETF 虽然随指数变化，但是表现和交易却像股票一样）。如果不足 50 万美元，那你真的不能充分地选择多只个股；但是，如果超过 20 万美元，那么通过 ETF，你可以选择全国或某个领域进行投资，做对了的话，可以增加你的财富。如果你有 50 多万美元，那你绝对可以归为投资个股行列。不要买共同基金！对你来说太不划算了。

但是还是这个问题：保守策略还是积极策略？保守策略击败了大多数人，

这些人总是尽力积极地管理资金。如果采取保守策略，那你就要拥有能最好地代表世界市场的股票。要做到这一点，请登录 http://www.ft.com/ft500，下载《金融时报》全球 500 强——这是按市值排名的世界最大的 500 家企业的股票清单，而且定期更新。你不必拥有全部的 500 只股票——太昂贵了——但是你可以购买前 100 只左右的股票，这也能很好地覆盖全球。为了实现投资组合，你可以买一定比例的小市值全球 ETF（如美国道富银行的国际小市值 ETF，股票代码是 GWX）——这是价格最低廉的方式，但却是保守策略。如果你存款较多，可以按同一比例继续购买。否则，就什么都不要动。

不管你是拥有一个投资于 ETF 的较小规模的资产池，还是因转到个股投资，需采取积极策略，尽量击败市场，你都必须雇用资金管理人。这也不容易。你问的问题必须恰当，你还不想雇用这样的人，比如自认为能"管理好"共同基金投资组合或者能"选出"一批全权资金管理人的人。你正在做的事情只能使成本越来越高，侵蚀了利润。不要雇用中间媒介——可以雇用决策人，他知道他正在做什么，但很少有人这么做。接下来的几页我会列出一些问题，就这些问题你可以问问你资产潜在的管理人。记住这些问题，打印出来，并随身携带。

坚持持有股票，除非……

虽然有时股票会下跌很多，但是在大多数年份它们都会上涨。从 2003 年开始的几乎整个牛市中，人们总是抱怨股票有多么可怕，表现有多么差，但股票却是年年上涨：2003 年、2004 年、2005 年、2006 年及 2007 年都在上涨。始于 2009 年的牛市中，我们也见证了相似的情况，这波牛市竟成为历史上最不受欢迎的牛市。8 年多一直在涨。和 20 世纪 80 年代的牛市一样，20 世纪 90 年代的牛市几乎持续了整个 10 年。2009 年的牛市距今只有 8 年，整个期间，你都投资了股票，将来你也要这样做。

↖ 向资金管理人发问的不错的问题

如果选择了这条致富之路，你却没有时间或不能自己管理自己的资产，怎么办？你并不孤立无援。但是，雇用资金管理人不是件小事。以下这些问题有助于评估你是否该信任某人来管理你的资产。

既然资产配置是我作出的一项最重要的决定，那么：

■ 我的资产组合发生了改变或者有人建议改变，谁会为此负责？你？你公司的其他人？还是责任完全在我？

■ 重新配置我的投资组合主要是受你对市场看法的影响还是取决于我的需要？

■ 我的投资组合配置多久审查一次？

■ 如果你预测到熊市，那我的资产组合要改变吗？如果是牛市呢？

■ 谁为这些预测负责？他们都很成功吗？

■ 过去 10 年，你推荐的资产组合发生了哪些改变？

■ 为了预测市场的趋势，你尤其要监控什么？

■ 你对市场的预测是如何影响你的资产配置建议的？

全球市场热点一直随着时间的推移发生着改变，那么：

■ 谁会改变我资产组合中国内与国外的比例？

■ 你（或你公司）如何了解何时以及多少美国股票是过少抑或过多？

■ 你（或你公司）如何决定在哪些国家投资以及不在哪些国家投资？

■ 谁来作出这些决定？他们都有已经验证的或可以验证的记录吗？

按错误的股票投资风格过度配置资产会严重地损害业绩，那么：

■ 你公司的股票投资风格是什么？大市值的还是小市值的？增长型还是价值型？或是二者兼顾？

■ 这种风格的组合是长久不变还是不断变化？

■ 什么促使你/你公司转向或不再投资小市值或大市值股票？

■ 什么促使你/你公司转向或不再投资特定领域股票？

资金管理人的兴趣应和我完全一致；那么：

■ 你是一名注册投资顾问或经纪人吗？

■ 除了我直接支付给你的以外，你还会收到其他报酬（比如保险产品的佣金、从公司的留存中销售股票或债券的奖励、债券销售的差价）吗？

你能证明你公司的资金管理能力吗？我可以了解下面的内容吗？

■ 对客户的账户，GIPS（会计的标准，即全球投资表现标准）的执行情况如何？

■ 市场战略决策表现的公开历史？

■ 上次的熊市及复苏时期，你们的决策是如何作出的？

■ 你公司的组织结构如何？客户服务代表是销售人员的两倍多吗？

■ 进行客户教育时，你们能提供什么资源？

相信我，坚持持有股票说起来容易做起来难。市场充满困难时，你绝对会试图减仓以摆脱困境。但是除非你真的、真的、真的确定股票会大幅下跌很长一段时间，否则不要这么做。如果股票已经下跌了很多，那么也不要这么做。问问你自己，你了解而其他人尚未了解的市场时机是什么？我的猜测是没有这样的时机。再次声明，如果你的确了解这样的时机，那你应该创建 OPM

公司①。

如果市场是熊市，你怎样才能知道呢？很难，但肯定不是按大家期待的时间如期进入熊市。专业人士对预测熊市一窍不通，媒体则更差。因此，如果人们普遍预测不景气要来了，那你就应该持有股票。再说一次，如果你想成为熊市方面的学者，请读读我 2007 年出版的书籍《投资最重要的三个问题》。如果你不想做那么多最起码的个股研究，那你就不应该自己作这些决定。

耐心等待熊市

即使你全部的投资遭遇了熊市，这也没什么，因为股票长期收益超过平均数，也**包括**熊市。你不必逃脱每次熊市，真正的保守投资者在股市繁荣时期和萧条时期都会坚定地去投资，无论什么时期都会！而且他们以压倒性的优势击败了那些企图掌控市场时机的人。要掌控市场时机，你真的必须知道你正在做什么，但只有非常少的人能做到这一点。真的很难。

提醒：对市场的校正不同于熊市，前者是短期、剧烈的震动——大幅、突然的下跌，吓你一大跳。它们可能一年发生一到两次，不要上当受骗。此时要持有投资产品，几个月后下跌就会结束。真正的熊市开始时很缓慢，也很平静。股市到达高点后，人们都很乐观，那时悲观的人看起来有点儿愚蠢。月复一月，股票一点点下跌，没有急剧下挫。然后基本面开始崩溃，但很少有人注意到。如果准确计量的话，熊市不会猛烈地开始——甚至 1929 年时也不猛烈。②

债券比股票风险更大——很严重

但是等一下！股票不会剧烈下跌吗？为了睡个踏实觉，放弃一些收益不是更好吗？不，请记住，这是《富人的十个秘密》，不是《致富的九个秘诀与睡个踏实觉的秘诀》。长期看，股票风险不大。短期看，它们总是波动，吓到了大家。不要在乎你心里原始人类③的一面，它会让你躲避风险，投资者在长期投资收益上失败，是因为他们领悟不到这一点：短期收益无所谓——一点儿都不要紧！致富之路路途遥远，下面的表格显示了对股票与债券进行 20 年投资的抉择的对比。显而易见，1926 年以来，出现了 72 次 20 年一轮的波动循环周期。其中有 70 次，股票击败了债券——848%：246%！债券第一次击败股票，是在

---

① 见第 7 章。
② 此部分内容，可以参见我 1987 年出版的书籍《华尔街的华尔兹》，此书的修订版于 2007 年出版。
③ 译者注：无知的意思。

1929 年 1 月 1 日至 1948 年 12 月 31 日这个周期，其间爆发了大萧条和第二次世界大战。但是，债券只是勉强击败了股票——1.4∶1。债券第二次击败股票，是在 1989 年 1 月 1 日至 2008 年 12 月 31 日这个周期，其间爆发了高科技泡沫和国际金融危机。此时，债券仍是勉强获胜——1.1∶1。这两次后，股票仍能全面上涨起来，因此，从长期看，债券的安稳并不值得。

⬀ 股票与债券抉择

1926 年以来，20 年一轮的波动循环周期中，股票收益超过债券收益的概率为97%，或者 72 次中有 70 次超过。

	20 年一轮的波动循环周期中的平均总收益
美国股票	848%
美国债券	246%

股票以 3.4∶1 的差距超过债券。

债券收益超过股票收益的两个时期——1929/01/01-1948/12/31 和 1989/01/01-2008/12 /31——二者的差距并不大。

	20 年一轮的波动循环周期中债券收益超过股票收益时的平均总收益
美国股票	239%
美国债券	262%

债券以 1.1∶1 的差距超过股票。

资料来源：Global Financial Data，Inc.，and FactSet，as of 1/12/2017。

具有不确定性的股票更好吗？大多数人认为债券更安全，如果你只考虑短期波动风险，那的确是这样。事实是，假以时日，股票收益不仅高很多，而且更持久。图 10.5 显示了扣除通货膨胀和税收影响的每隔 3 年的债券回报率长期历史记录，图 10.6 是与之相比较的股票的同期收益。

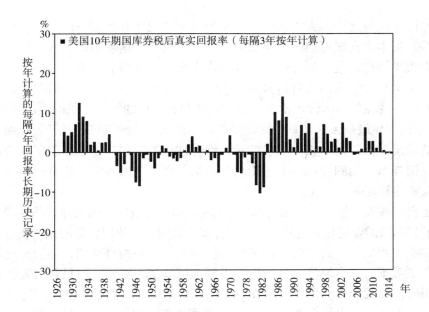

资料来源：Global Financial Data，Inc. 与 FactSet，2017-01-31。

图 10.5　1926—2016 年美国 10 年期国库券税后真实回报率

资料来源：Global Financial Data，Inc. 与 FactSet，2017-01-31。

图 10.6　1926—2016 年标准普尔 500 税后真实回报率

也许你就是这许多人中的一员，他们认为"现在事事都不同了"，世界越来越差，资本主义很可怕，股票玩完了。无休无止！这本书第一次出版时，这只是个边缘观点，但危机后这种观点变得很普遍。任何制度都不是完美的，但是资本主义却带领我们从自给自足的农业时期发展到高科技太空时代的繁荣时期，而且它现在仍然运转正常。摩尔定律还存在，你的智能手机的性能比 20 世纪 80 年代世界最强大的计算机的性能都高，而无人驾驶飞机已经开始在澳大利亚送披萨了。与新技术相伴而来的是，给有创造力的用户带来了无限机会，他们可以把技术运用到你生活中不能缺少的某种产品或服务中。所有的一切都是为了未来的收益——及股票。

还有一些人，他们无论如何都不会持有 100% 的股票。如果你就是这样，那太好了！你只需要记住，当测算每年要存多少钱时，要使用较低的预期收益率。如果你不利用股票所具有的能带来更高复利收益率的神奇功能，那选择这条路致富会更艰难，致富速度也会更慢。当然也可以变得富有，但只是需要较长的时间而已。按我们先前的例子，在少买股票的前提下，如果 30 年后要获得 600 万美元，也许年均收益率要达到 7%。这就意味着要有一份收入较高的工作，每年要存 63 500 美元。如果能做到这一点，就太棒了！如果不能，也许就要推迟退休，早点开始存钱（每年存 30 000 美元，存 40 年，收益率 7%，也可以获得 600 万美元），或者早点死掉。看你的了。

股票，股票，更多的股票……

我不会花时间告诉你如何挑选成功的股票，因为首先没人能在一章篇幅中教会你这么做。要学会这个本领，看看我写的第一本和第四本书 [《超级强势股》（*Super Stocks*）和《投资最重要的三个问题》]。其次，是否持有股票、债券或现金以及各自比例的决策，决定了你的投资组合的收益率。单是选股选对了，对你的收益率贡献不了太多。我的公司也只是靠这谋生，相信我。

像海蒂一样？

在这条最常见的致富路上，很少有名人可供我们学习。其中一个著名的人物，也是我最喜欢的人之一——海蒂·格林（Hetty Green），她太节俭了。海蒂股票做得不多，她很少追求高收益率——目标就是 6%（税前），而且大多投资于债券。她只在极度恐慌时期购买股票，因为此时股票便宜。她做得太对了——市场陷入危机时，忧郁的男人因恐惧而哭泣时，她却很乐观。

到 1916 年她去世时，她大约拥有 1 亿美元的净资产，[4] 她存下了每一分钱。

海蒂不需要较高的收益率，她过于节俭，甚至节俭得有点神经质，她在穿着上不花钱——永远穿着同一件黑色的外套。为了保管证券，她把它们都缝进了外套和围巾中（网上交易出现之前）——它们让她感觉更暖和了。她让她的儿子转卖她的报纸，她住在使用冷水且没有暖气的公寓，她的钱足够购买任何东西，但是她大部分时间却只吃燕麦粥和全麦饼干。她的小儿子滑雪橇摔伤了腿，她都不舍得花钱看医生，而是去免费诊所排队，使用自制膏药，但一点效果也没有。她儿子的父亲（她抛弃了他——他不善于理财）最后付了钱，医生才把这条坏掉了的腿进行了截肢，她才不舍得付钱呢。

对于一个女人来说，在那个年代能有 1 亿多美元的投资组合不是很少见，而是简直从未听说过，她高超的理财技能和破旧的衣服为她赢得了一个昵称——华尔街女巫（the Witch of Wall Street）。

所以，在这条致富路上，你不需要股票能有更高的收益率。但我敢打赌，你不会眼看着你孩子的腿坏掉，最后只能截肢。你可以像海蒂一样行事，或者你可以不在乎心中的恐惧，买卖更多的股票。或者假定预期收益率较低的情况下，计算一下你需要存多少钱。

赚钱必读书目

关于储蓄和投资方面的书籍成千上万，但大多数都不是很好——反反复复都是同样的忠告。如果这个忠告从一开始就有效，那就不必无数次地复述同一句老掉牙的话了——一本书就足够了。但是不要泄气，你可以读读我之前推荐的书或者以下所列书籍。

■ 吉姆·斯托维尔（Jim Stovall）的《超级礼物》（*The Ultimate Gift*）。我给了我的儿子们每人一本。本书寓理于故事，不仅告诉我们如何看待金钱，还告诉我们如何做一个更好的人。

■ 托马斯·J. 斯坦利（Thomas J. Stanley）和威廉·D. 丹科（William D. Danko）的《邻家的百万富翁》（*The Millionaire Next Door*）。这本书虽然不会告诉你如何存钱或投资，但是它第一次出版时还是让很多人大开眼界。真的，大多数百万富翁都是普通人。

■ 如果你从奶牛期货中不能区分股票和债券的话，就读读埃里克·泰森（Eric Tyson）的著作《傻瓜书 投资指南》（*Investing for Dummies*）吧。在这本书中，你将学会如何开立账户、应付经纪人，以及开始买股票。

■ 鄙人的《投资最重要的三个问题：投资于他人不投资的领域》（*The Only Three Question That Count: Investing by Knowing What Others Don't*）。事实是，大

多数投资类书籍都对你的健康不利，它们告诉你"只买这些股票，不买那些"或者暗示有某种神奇的模式。十分荒谬。你不可能通过 100 万人都会读到的某种诀窍击败市场，要击败市场，你必须懂得其他人不懂得的诀窍。做到这一点太难了！我的书会告诉你，运用你的大脑和一些统计方法，如何发现大多数其他人不了解的诀窍。对于这个问题，还可以读读我写的股票市场方面的其他书籍：《超级强势股》《华尔街的华尔兹》《击败群体》或者《荣光与原罪——影响美国金融市场的 100 人》（100 *Minds That Made the Market*）（还有海蒂·格林的传记）。

储蓄和投资指南

这是最常选择的致富之路。做对了，就能持续产生相当不错的收益。做错了，你就不会成为超级百万富翁——除非你过于节俭，甚至节俭得有点神经质，而且以燕麦粥为生。但是如果遵循这些步骤，你就能轻松地拥有几百万，度过愉快的退休生活：

1. **找个能获得高收入的体面的工作。**有了高收入的工作或者是最后一次性获得一大笔收入的工作，你就能更容易存更多的钱。做你喜欢的事情，而且如果你喜欢做的事情能让你获得超过平均数的收入，这样最好。

2. **计算一下你想要/需要多少钱。**不要没有目标地存钱，想想你需要多少钱才能生存下去，不要忘记扣除通货膨胀的影响。

3. **算算你每月需要存多少钱。**基于你的目标，计算一下你必须存多少钱。你不必每月或每年都存相同的数目，尤其是年轻时。你可以设立一个计划，随着时间的推移，不断增加储蓄。但是请记住，存钱越早，以后越值。现在就开始存钱吧。

4. **现在就开始存钱。**怎么存钱？你的选择就是：开源节流。无论如何都要坚持你的存钱计划，大多数书都讲节俭，但一些人就是做不到。如果你也这样，那就只能加薪。

5. **让钱生钱。**在这条致富路上，你必须拥有股票，而且要一直拥有很多。股票的长期收益率较高，如果你不能忍受其波动性，那就相应地作出计划。降低预期收益率，存更多的钱。如果你能计划得很好并遵守计划，那么虽然持有的股票较少，但你仍然能发财致富。

Notes
参考文献

前言

1. Real Clear Politics, "2016 Democratic Popular Vote," *Real Clear lear Politics* (2016), http://www.realclearpolitics.com/epolls/2016/president/democratic_vote_count.html (accessed September 19, 2016).

2. US Census Bureau, Real median household income, 1999–2015.

3. Ibid.

4. Raj Chetty, Nathaniel Hendren, Patrick Kline, Emmanuel Saez, and Nicholas Turner, "Is the United States Still a Land of Opportunity? Recent Trends in Intergenerational Mobility," National Bureau of Economic Research Working Paper Series (January 2014), http://www.equality-of-opportunity.org/images/mobility_trends.pdf (accessed September19, 2016).

5. "The Forbes 400 Real-Time Rankings," *Forbes* , http://www.forbes.com/forbes-400/list/#version:realtime (accessed September 19, 2016).

6. "Madonna Profi le," F orbes (September 2016), http://www.forbes.com/profi le/madonna/ (accessed September 20, 2016).

第 1 章　通往最多财富的途径！

1. "The Forbes 400 2016," Forbes , http://www.forbes.com/forbes-400/list/#version:static (accessed October 6, 2016).

2. Ibid.

3. Ibid.

4. Small Business Association, "Frequently Asked Questions" (August 2007), http://www.sba.gov/advo/stats/sbfaq.pdf (accessed April 21, 2008).

5. Bureau of Economic Analysis.

6. "The Forbes 400 2016."

7. George Raine, "LeapFrog Founder Steps Down," *San Francisco Chronicle* (September 2, 2004), http://www.sfgate.com/cgi-bin/article.cgi?fi le=/chronicle/archive/2004/09/02/BUG8M8I4K41.DTL&type=business(accessed April 21, 2008).

8. "The Forbes 400 2016."

9. Ibid.

10. FactSet, as of August 3, 2016.

11. "The Forbes 400 2016."

12. Ibid.

13. Samantha Critchell, "Resorts Recruit Top Designers to Outfit SkiPatrol," *USA Today* (December 20, 2006), http://www.usatoday.com/travel/destinations/ski/2006-11-28-ski-fashion_x.htm (accessed April 20,2008).

14. Gwendolyn Bounds, Kelly K. Spors, and Raymund Flandez, "Psst! The Secrets of Serial Success," *Yahoo! Finance* (August 28, 2007), http://fi nance.yahoo.com/career-work/article/103425/Psst!-The-Secrets-Of-Serial-Success (accessed April 30, 2008).

15. "Franchising: New Power for 500,000 Small Businessmen," *Time* (April 18,1969), http://www.time.com/time/magazine/article/0,9171,844780-1,00.html(accessed April 30, 2008).

16. H. Salt Fish & Chips locations found at http://www.hsalt.com/locations_01.htm .

17. Robert Klara, "Did Starbucks Buy (and Close) La Boulange Just to Get ItsRecipes?," *Adweek* (June 22, 2015), http://www.adweek.com/news/advertisingbranding/did-starbucks-buy-and-close-la-boulange-just-get-its-recipes-165468 (accessed August 3, 2016).

18. Chris Isidore, "The Melancholy Billionaire: Minecraft Creator Unhappywith His Sudden Wealth," *CNNMoney* (August 31, 2015), http://money.cnn.com/2015/08/31/technology/minecraft-creator-tweets/ (accessed August 3,2016).

19. Phil Haslett, "Travis Owns ~10% of Uber's Stock, Worth $7.1 Billion," *Quora* (July 20, 2016), https://www.quora.com/Uber-company-Howmuch-equity-of-Uber-does-Travis-Kalanick-still-own (accessed August 3, 2016).

20. "The Forbes 400 2016."

21. "America's Largest Private Companies, 2016 Ranking—#2 Koch Industries," *Forbes* (July 20, 2016), http://www.forbes.com/companies/koch-industries/ (accessed August 3, 2016).

22. D aniel Fisher, "Mr. Big," *Forbes* (March 13, 2006), http://www.forbes.com/global/2006/0313/024.html (accessed April 30, 2008).

23. "The Forbes 400 2016."

24. Fisher, "Mr. Big."

25. Inflation calculator found at http://data.bls.gov/cgi-bin/cpicalc.pl .

26. Jackie Krentzman, "The Force Behind the Nike Empire," Stanford *Magazine* (January 1997), http://www.stanfordalumni.org/news/magazine/1997/janfeb/articles/knight.html (accessed April 30, 2008).

27. Ibid.

28. Benjamin Powell, "In Defense of 'Sweatshops,' " *Library y of Economics and Liberty* (June 2, 2008), http://www.econlib.org/library/Columns/y2008/Powellsweatshops.html (accessed June 3, 2008).

第 2 章　抱歉，那是我的宝座

1. "Equilar/Associated Press S&P 500 CEO Pay Study 2016," *Equilar* (May25, 2016), http://

www.equilar.com/reports/37-associated-press-pay-study-2016.html (accessed September 6, 2016).

2. Matthew Miller, "The Forbes 400," Forbes (September 20, 2007), http://www.forbes.com/2007/09/19/richest-americans-forbes-lists-richlist07-cx_mm_0920rich_land.html (accessed April 22, 2008).

3. Greg Roumeliotis, "Greenberg Channels Buffett in Post-AIG Comeback," Reuters (February 19, 2014), http://www.reuters.com/article/us-greenbergstarr-idUSBREA1I24B20140219 (accessed September 6, 2016).

4. "The Forbes 400 2016," *Forbes*, http://www.forbes.com/forbes-400/list/#version:static (accessed October 6, 2016).

5. Ibid.

6. Clive Horwood, "How Stan O' Neal Went from the Production Line to the Front Line of Investment Banking," *Euromoney* (July 2006), http://www.euromoney.com/article.asp?ArticleID=1042086 (accessed April 22, 2008).

7. Reuters, "Business Briefs," *New York Times* (March 11, 2006), http://query.nytimes.com/gst/fullpage.html?res=9902EED91331F932A25750C0A9609C8B63 (accessed April 22, 2008).

8. David Goldman, "Marissa Mayer's Payday: 4 Years, $219 Million," *CNNMoney* (July 25, 2016), http://money.cnn.com/2016/07/25/technology/marissa-mayer-pay/ (accessed September 6, 2016).

9. About Duck Brand at http://www.duckproducts.com/about/ .

10. Nancy Moran and Rodney Yap, "O'Neal Ranks No. 5 on Payout List, Group Says," *Bloomberg* (November 2, 2007), http://www.bloomberg.com/apps/news?pid=20601109&sid=aPxzn5U8zNBo&refer=home (accessed April 22, 2008).

11. "Oil: Exxon Chairman's $400 Million Parachute, Exxon Made Record Profi ts in 2005," ABCNews (April 14, 2006), http://abcnews.go.com/GMA/story?id=1841989 (accessed April 22, 2008).

12. FactSet. XOM return from December 31, 1993, to December 31, 2005.

13. Ibid.

14. ExxonMobil Employment Data, http://www.exxonmobil.com/corporate/about_who_workforce_data.aspx (accessed April 22, 2008).

15. Roumeliotis, "Greenberg Channels Buffett in Post-AIG Comeback."

16. " The Not-So-Retired Jack Welch," *New York Times* (November 2, 2006), http://dealbook.blogs.nytimes.com/2006/11/02/the-not-so-retired-jackwelch/(accessed April 22, 2008).

17. John A. Byrne, "How Jack Welch Runs GE," *BusinessWeek* (updated May 28, 1998), http://www.businessweek.com/1998/23/b3581001.htm (accessed April 22, 2008).

18. FactSet, December 31, 1980, through December 31, 2001.

19. Associated Press, "Fox News Hires Carly Fiorina, Ex-Chief of HP," *International Herald Tribune* (October 10, 2007), http://www.iht.com/articles/2007/10/10/business/fox.php (accessed May 20, 2008).

第 3 章 搭个顺风车：合作伙伴

1. "The World's Billionaires," *Forbes*, http://www.forbes.com/billionaires/#/version:realtime (accessed September 6, 2016).

2. "The Forbes 400 2016," *Forbes*, http://www.forbes.com/forbes-400/list/#version:static (accessed October 6, 2016).

3. Securities and Exchange Commission, Schedule 14A Information for Facebook, Inc. (May 2016), https://www.sec.gov/Archives/edgar/data/1326801/000132680116000053/facebook2016prelimproxysta.htm(accessed September 6, 2016).

4. "The Chernin File: His Salary, Severance Package and Movie Deal," *Gigaom* (February 23, 2009), https://gigaom.com/2009/02/23/419-cherninfile-his-severance-package-and-salary/ (accessed September 6, 2016).

5. News Corp, "The Best and Worst Managers of 2003: Peter Chernin," *BusinessWeek* (January 12, 2004), http://www.businessweek.com/magazine/content/04_02/b3865717.htm (accessed May 20, 2008).

6. David Weidner, "Pottruck Ousted from Schwab," *MarketWatch* (July 20, 2004), http://www.marketwatch.com/News/Story/Story.aspx?guid=%7B8F3F0844-2338-44F0-9209-9861036087D4%7D&siteid=mktw (accessed July 22, 2008).

7. Securities and Exchange Commission, Schedule 14A Information for Tesla Motors, Inc. (May 31, 2016), https://www.sec.gov/Archives/edgar/data/1318605/000119312516543341/d133980ddef14a.htm (accessed September6, 2016).

8. J. P. Donlon, "Heavy Metal—Interview with Caterpillar CEO Donald Fites," *Chief Executive* (September 1995), http://fi ndarticles.com/p/articles/ mi_m4070/is_n106/ai_17536753 (accessed May 20, 2008).

9. "3M 2016 Notice of Annual Meeting & Proxy Statement" (March 23, 2016),https://www.sec.gov/Archives/edgar/data/66740/000120677416005067/threem_def14a.pdf (accessed September 6, 2016).

10. "Quest Diagnostics Notice of 2016 Annual Meeting and Proxy Statement" (April 8, 2016), http://www.google.com/url?sa=t&rct=j&q=&esrc=s&source=web&cd=6&cad=rja&uact=8&ved=0ahUKEwjhx4CC-fvOAhVX-2MKHSOUDoMQFghHMAU&url=http%3A%2F%2Fphx.corporate-ir.net%2FExternal.File%3Fitem%3DUGFyZW50SUQ9MzMzMTMwfENoaWxkSUQ9LTF8VHlwZT0z%26t%3D1%26cb%3D635966949084609632&usg=AFQjCNHpzHkykLBbVp6tsBz9pTP3q6jKxQ&bvm=bv.131783435,d.cGc (accessed September 6, 2016).

11. "Charles Munger Profile," *Forbes*, http://www.forbes.com/profi le/charlesmunger/(accessed September 6, 2016).

第 4 章 名利双收

1. "The Forbes 400 2016," *Forbes*, http://www.forbes.com/forbes-400/list/#version:static

(accessed October 6, 2016).

2. Lauren Gensler, "Martha Stewart Is Selling Her Empire for $353 Million," *Forbes*(June 22, 2015), http://www.forbes.com/sites/laurengensler/2015/06/22/martha-stewart-living-omnimedia-sequential/#1dce89c848f5 (accessed September 7, 2016).

3. "Mary-Kate and Ashley Olsen Net Worth," *Richest* , http://www.therichest.com/celebnetworth/celeb/actress/mary-kate-and-ashley-olsen-net-worth/(accessed September 7, 2016).

4. "The Forbes 400 2016."

5. "Cuban Slammed with $25,000 Fine," ABCNews (June 20, 2006), http://abcnews.go.com/Sports/story?id=2098577&page=1 (accessed April 11, 2008).

6. Associated Press, "Mavs Owner Serves Smiles and Ice Cream," *Daily Texan* (January 17, 2002), http://media.www.dailytexanonline.com/media/storage/paper410/news/2002/01/17/Sports/Mavs-Owner.Serves.Smiles. And.Ice.Cream-505789.shtml?norewrite200608240019&sourcedomain=www.dailytexanonline.com (accessed April 11, 2008).

7. Cathy Booth Thomas, "A Bigger Screen for Mark Cuban," *Time* (April 14, 2002), http://www.time.com/time/magazine/article/0,9171,230372-1,00.html (accessed April 11, 2008).

8. Mike Morrison and Christine Frantz,*InfoPlease*, "Tiger Woods Timeline," http://www.infoplease.com/spot/tigertime1.html (accessed April 11, 2008).

9. Associated Press, "Madonna Announces Huge Live Nation Deal," MSNBC (October 16, 2007), http://www.msnbc.msn.com/id/21324512/(accessed June 9, 2008); Jeff Jeeds, "In Rapper's Deal, a New Model for Music Business," *New York Times* (April 3, 2008), http://www.nytimes.com/2008/04/03/arts/music/03jayz.html (accessed June 9, 2009).

10. U.S. Department of Labor, Bureau of Labor Statistics, "Actors" (December 17, 2015), http://www.bls.gov/ooh/entertainment-and-sports/actors.htm#tab-1 (accessed September 7, 2016).

11. " Dell Dude Now Tequila Dude at Tortilla Flats," *New York Magazine* (November 7, 2007), http://nymag.com/daily/food/2007/11/dell_dude_now_tequila_dude_at.html (accessed April 11, 2008).

12. Nicole Bracken, "Estimated Probability of Competing in Athletics Beyond the High School Interscholastic Level," National Collegiate Athletic Association (February 16, 2007), http://www.ncaa.org/research/prob_of_competing/probability_of_competing2.html (accessed April 11, 2008).

13. Major League Baseball Players Association, "MLBPA Frequently AskedQuestions," http://mlb.mlb.com/pa/info/faq.jsp (accessed September 7, 2016).

14. Bracken, "Estimated Probability of Competing in Athletics Beyond the High School Interscholastic Level."

15. " The Celebrity 100, 2016," Forbes , http://www.forbes.com/celebrities/list/#tab:overall (accessed September 7, 2016).

16. Zack O'Malley Greenburg, "Madonna's Net Worth: $560 Million in 2016," *Forbes* (June 2, 2016), http://www.forbes.com/sites/zackomalleygreenburg/2016/06/02/madonnas-net-worth-560-million-in-2016/#73e7a9f6209a(accessed September 7, 2016).

17. "The Celebrity 100, 2016."

18. Jon Saraceno, "Tyson: 'My Whole Life Has Been a Waste,'" *USA Today* (June 2, 2005), http://www.usatoday.com/sports/boxing/2005-06-02-tysonsaraceno_x.htm (accessed April 14, 2008).

19. "Actor Gary Coleman Wins $1.3 Million in Suit Against His Parents and Ex-Advisor," *Jet* (March 15, 1993), http://fi ndarticles.com/p/articles/mi_m1355/is_n20_v83/ai_13560059/pg_1 (accessed April 14, 2008).

20. Amy Fleitas and Paul Bannister, "Big Names, Big Debt: Stars with Money Woes," *Bankrate.com* (January 30, 2004), http://www.bankrate.com/brm/news/debt/debt_manage_2004/big-names-big-debt.asp (accessed July 22,2008).

21. Hugh McIntyre, "The Highest-Grossing Tours of 2015," *Forbes* , http://www.forbes.com/sites/hughmcintyre/2016/01/12/these-were-the-highestgrossing-tours-of-2015/#27420c75e0e5 (accessed September 7, 2016).

22. "The Forbes 400 2016."

23. "The Mad Man of Wall Street," *Business Week* (October 31, 2005), http://www.businessweek.com/magazine/content/05_44/b3957001.htm (accessedApril 11, 2008).

24. J ames J. Cramer, *Confessions of a Street Addict* (New York: Simon & Schuster, 2006).

25. New York City Department of Transportation, "Ferries and Buses," http://www.nyc.gov/html/dot/html/ferrybus/statfery.shtml (accessed April 14, 2008).

26. Advance Publications Corporate Timeline found at http://cjrarchives.org/tools/owners/advance-timeline.asp .

27. Geraldine Fabrikant, "Si Newhouse Tests His Magazine Magic," *New York Times* (September 25, 1988), http://query.nytimes.com/gst/fullpage.html?res=940DE0DE1439F936A1575AC0A96E948260 (accessed June 11, 2008).

28. "The Forbes 400 2016."

29. Zack O'Malley Greenburg, "The Forbes Five: Hip-Hop's Wealthiest Artists 2016," *Forbes* (May 3, 2016), http://www.forbes.com/sites/zackomalleygreenburg/2016/05/03/the-forbes-fi ve-hip-hops-wealthiestartists-2016/#75a0db25477f (accessed September 13, 2016).

30. "Russell Simmons Net Worth," *Richest*, http://www.therichest.com/celebnetworth/celeb/rappers/russell-simmons-net-worth/ (accessedSeptember 13, 2016).

31. Zack O' Malley Greenburg, "Why Dr. Dre Isn' t a Billionaire Yet," *Forbes* (May 5, 2015), http://www.forbes.com/sites/zackomalleygreenburg/2015/05/05/why-dr-dre-isnt-a-billionaire-yet/#463169381dec(accessed September 13, 2016).

32. Zack O'Malley Greenburg, "Dr. Dre by the Numbers: Charting a Decadeof Earnings," *Forbes* (September 8, 2016), http://www.forbes.com/sites/zackomalleygreenburg/2016/09/08/dr-dre-by-the-numbers-charting-adecade-of-earnings/#57d455e47822 (accessed September 13, 2016).

33. Greenburg, "The Forbes Five."

34. Bill Johnson Jr., "Jay-Z Stabbing Results in Three Years Probation," *Yahoo!News* (December 6, 2001), http://music.yahoo.com/read/news/12050127(accessed April 14, 2008).

35. "Jay-Z Cashes In with Rocawear Deal," *New York Times* (March 6, 2007), http://dealbook. blogs.nytimes.com/2007/03/06/jay-z-cashes-in-with-200-million-rocawear-deal/ (accessed April 14, 2008).

36. "The Celebrity 100, 2016."

37. Greenburg, "The Forbes Five."

38. Dan Charnas, "How 50 Cent Scored a Half-Billion," *Washington Post* (December 19, 2010), http://www.washingtonpost.com/wp-dyn/content/article/2010/12/17/AR2010121705271.html (accessed September 13, 2016).

39. Katy Stech, "50 Cent Nears Bankruptcy End with $23.4 Million Payout Plan," *Wall Street Journal* (May 19, 2016), http://blogs.wsj.com/bankruptcy/2016/05/19/50-cent-nears-bankruptcy-end-with-23-4-million-payout-plan/ (accessed September 13, 2016).

第5章 值得的婚姻

1. Robert Frank, "Marrying for Love . . . of Money," *Wall Street Journal* (December 14, 2007), http://online.wsj.com/article/SB119760031991928727.html?mod=hps_us_inside_today (accessed April 14, 2008).

2. Scott Greenberg, "Summary of the Latest Federal Income Tax Data, 2015 Update," Tax Foundation Fiscal Fact (November 2015, No. 491).

3. Ibid.

4. U.S. Bureau of the Census at www.census.gov; "The Forbes 400 Real-Time Rankings," *Forbes* , http://www.forbes.com/forbes-400/list/#version: realtime (accessed September 7, 2016).

5. "The Forbes 400 2016," *Forbes*, http://www.forbes.com/forbes-400/list/#version:static (accessed October 6, 2016).

6. "Bobby Murphy Profi le," *Forbes* (September 14, 2016), http://www.forbes.com/profi le/ bobby-murphy/ (accessed September 14, 2016).

7. "Evan Spiegel Profi le," *Forbes* (September 14, 2016), http://www.forbes.com/profi le/evan-spiegel/ (accessed September 14, 2016).

8. Jennifer Wang, "The Youngest Moneymakers on the Forbes 400: 17Under 40," *Forbes* (September 29, 2015), http://www.forbes.com/sites/jenniferwang/2015/09/29/the-youngest-moneymakers-on-the-forbes-400-17-under-40/#3d4d3a57b3ab (accessed September 14, 2016).

9. "Julio Mario Santo Domingo, Ⅲ , Profi le," *Forbes* (October 6, 2016), http://www.forbes. com/profi le/julio-mario-santo-domingo-iii/?list=forbes-400(accessed September 6, 2016).

10. "The Forbes 400 2016."

11. Geoffrey Gray, "Tough Love," *New York Magazine* (March 19, 2006),http://nymag.com/relationships/features/16463/ (accessed April 14,2008).

12. Geoffrey Gray, "The Ex-Wives Club," *New York Magazine* (March 19,2006), http://nymag.com/relationships/features/16469/ (accessed April 14,2008).

13. Gray, "Tough Love."

14. Gray, "The Ex-Wives Club."

15. Catherine Mayer, "The Judge's Take on Heather Mills," *Time* (March 18, 2008), http://www.time.com/time/arts/article/0,8599,1723254,00.html (accessed April 14, 2008).

16. Forbes staff, "The 10 Most Expensive Celebrity Divorces," *Forbes* (April 12, 2007), http://www.forbes.com/2007/04/12/most-expensive-divorcesbiz-cz_lg_0412celebdivorce.html (accessed April 14, 2008).

17. Davide Dukcevich, "Divorce and Dollars," *Forbes* (September 27, 2002), http://www.forbes.com/2002/09/27/0927divorce_2.html (accessed April 14, 2008).

18. CNBC.com and Roll Call, "Who Are the 10 Richest Members of Congress?," *Christian Science Monitor* (October 25, 2012), http://www.csmonitor.com/Business/2012/1025/Who-are-the-10-richestmembers-of-Congress/Sen.-John-Kerry-D-Mass (accessed September 14, 2016).

19. Mark Feeney, "Julia Thorne, at 61; Author, Activist Was Ex-Wife of Senator Kerry," *Boston Globe* (April 28, 2006), http://www.boston.com/news/globe/obituaries/articles/2006/04/28/julia_thorne_at_61_author_activist_was_ex_wife_of_senator_kerry/ (accessed April 14, 2008).

20. Ralph Vartabedian, "Kerry's Spouse Worth $1 Billion," *San Francisco Chronicle* (June 27, 2004), http://www.sfgate.com/cgi-bin/article.cgi?fi le=/c/a/2004/06/27/MNG4T7CTRN1.DTL (accessed April 14, 2008).

21. "The Forbes 400 2016."

22. Ibid.

23. Erika Brown, "What Would Meg Do," *Forbes* (May 21, 2007), http://www.forbes.com/business/global/2007/0521/058.html (accessed May 29, 2008).

24. "How Much Is Marilyn Carlson Nelson Worth?," *Celebrity Net Worth* (2016), http://www.celebritynetworth123.com/richest-businessmen/marilyncarlson-nelson-net-worth/ (accessed September 14, 2016).

25. S. Graham & Associates Website found at http://www.stedmangraham.com/about.html .

26. "Oprah Winfrey Reveals Why She Has Never—and Will Never— Marry Stedman," *News.com.au* (September 27, 2013), http://www.news.com.au/entertainment/celebrity-life/oprah-winfrey-reveals-why-she-has-never-8212-and-will-never-marry-stedman/story-fn907478-1226728692752(accessed September 14, 2016).

27. "The Forbes 400 2016."

28. MSNBC staff, "Oprah Leaves Boyfriend Stedman out of Her Will," *MSNBC* (January 9, 2008), http://www.msnbc.msn.com/id/22578526/ (accessed June 17, 2008).

29. Charles Kelly, "Drowning of Heiress Left Many Questions, Rumors," *Arizona Republic* (May 23, 2002), http://www.azcentral.com/news/famous/articles/0523Unsolved-Buffalo23.html (accessed April 14, 2008).

第 6 章 " 偷窃 " 之路——但要合法

1. Peter Elkind, "Mortal Blow to a Once-Mighty Firm," *Fortune* (March 25,2008), http://money.cnn.com/2008/03/24/news/companies/reeling_milberg.fortune/ (accessed April 23, 2008).

2. Jeffrey MacDonald, "The Self-Made Lawyer," *Christian Science Monitor* (accessed June 3, 2003), http://www.csmonitor.com/2003/0603/p13s01-lecs.html (accessed April 23, 2008).

3. American Bar Association.

4. "2015 Salaries and Bonuses of the Top Law Firms," *LawCrossing*, http://www.lawcrossing.com/article/900045281/3rd-Year-Salaries-and-Bonusesof-the-Top-Law-Firms/ (accessed September 14, 2016).

5. U.S. Department of Labor, Bureau of Labor Statistics, "Occupational Outlook Handbook" (December 17, 2015), http://www.bls.gov/ooh/legal/lawyers.htm (accessed September 14, 2016).

6. Saira Rao, "Lawyers, Fun and Money," *New York Post* (December 31, 2006),http://www.nypost.com/seven/12312006/business/lawyers__fun__money_business_saira_rao.htm?page=1 (accessed May 19, 2008).

7. Sara Randazzo and Jacqueline Palank, "Legal Fees Cross New Mark: $1,500 an Hour," *Wall Street Journal* (February 9, 2016), http://www.wsj.com/articles/legal-fees-reach-new-pinnacle-1-500-an-hour-1454960708?cb=logged0.10928983175737395 (accessed September 14, 2016).

8. Towers Watson, "2011 Update on US Tort Cost Trends," (January 2012),https://www.towerswatson.com/en-US/Insights/IC-Types/Survey-Research-Results/2012/01/2011-Update-on-US-Tort-Cost-Trends .

9. Institute for Legal Reform, "International Comparisons of Litigation Costs," June 2013, http://www.instituteforlegalreform.com/uploads/sites/1/ILR_NERA_Study_International_Liability_Costs-update.pdf (accessed September 14, 2016).

10. Michael A. Walters and Russel L. Sutter, "A Fresh Look at the Tort System," *Emphasis* (January 2003).

11. " Joe Jamail, Jr. Profi le," *Forbes* (September 14, 2016), http://www.forbes.com/profi le/joe-jamail-jr/ (accessed September 14, 2016).

12. Steve Quinn, "High Profile: Joe Jamail," *Dallas Morning News* (November 30, 2003), http://www.joejamail.net/HighProfi le.htm (accessed April 23, 2008).

13. Ibid.

14. Cheryl Pellerin and Susan M. Booker, "Reflections on Hexavalent Chromium: Health Hazards of an Industrial Heavyweight," *Environmental Health Perspectives* 108 (September 2000), pp. A402–A407 w ww.ehponline.org/docs/2000/108-9/focus.pdf (accessed April 23, 2008).

15. Walter Olson, "All About Erin," *Reason Magazine* (October 2000), http://www.reason.com/news/show/27816.html (accessed April 23, 2008).

16. Ibid.

17. Marc Morano, "Did ' Junk Science' Make John Edwards Rich?," *CNSNews* (January

20, 2004), http://www.cnsnews.com/ViewPolitics.asp?Page=%5C Politics%5Carchive%5C200401%5C POL20040120a.html (accessed April 23, 2008).

18. "Parents File $150M Suit Against Naval Hospital," *News4Jax* (February 8, 2007), http://www.news4jax.com/news/10965449/detail.html (accessed April 23, 2008).

19. Jim Copland, "Primary Pass," National Review (January 26, 2004), http:// www.nationalreview.com/comment/copland200401260836.asp (accessed April 23, 2008).

20. Robert Steyer, "The Murky History of Merck's Vioxx," *TheStreet.com* (November 18, 2004), http://www.thestreet.com/_more/stocks/biotech/10195104.html (accessed April 23, 2008).

21. Ibid.

22. Peter Loftus, "Merck to Pay $830 Million to Settle Vioxx Shareholder Suit," *Wall Street Journal* (January 15, 2016), https://www.wsj.com/articles/merck-to-pay-830-million-to-settle-vioxx-shareholder-suit-145286688 2(accessed February 28, 2017).

23. Peter Lattman, "Merck Vioxx by-the-Numbers," *Wall Street Journal Law Blog* (November 9, 2007), http://blogs.wsj.com/law/2007/11/09/merck-expectedto-announce-485-billion-vioxx-settlement/ (accessed April 22, 2008).

24. American Bar Association, "Tort Law: Asbestos Litigation," http://www.abanet.org/poladv/priorities/asbestos.html (accessed March 6, 2008).

25. Patrick Moore, "Why I Left Greenpeace," *Wall Street Journall* (April 22, 2008), http://online.wsj.com/article/SB120882720657033391.html?mod=opinion_main_commentaries (accessed May 30, 2008).

26. Peter Elkind, "The Fall of America's Meanest Law Firm," *Fortune* (November 3, 2006), http://money.cnn.com/magazines/fortune/fortune_archive/2006/11/13/8393127/index.htm (accessed April 23, 2008).

27. Ibid.

28. Ibid.

29. Michael Parrish, "Leading Class-Action Lawyer Is Sentenced to Two Years in Kickback Scheme," *New York Times* (February 12, 2008), http://www.nytimes.com/2008/02/12/business/12legal.html (accessed April 23, 2008).

30. Ibid.

31. Peter Elkind, "Mortal Blow to a Once-Mighty Firm," *Fortune* (March 25, 2008), http://money.cnn.com/2008/03/24/news/companies/reeling_milberg.fortune/ (accessed April 23, 2008).

32. Jonathan D. Glater, "Milberg to Settle Class-Action Case for $75 Million," *International Herald Tribune* , June 18, 2008, http://www.iht.com/articles/2008/06/17/business/17legal.php (accessed June 17, 2008).

33. Editorial Staff, "The Firm," *Wall Street Journal*, June 18, 2008, http://online.wsj.com/article/SB121374898947282801.html?mod=opinion_main_review_and_outlooks (accessed June 19, 2008).

34. Ann Woolner, "Convicted King of Class Action Builds Aviary, Regrets Nothing," *Bloomberg*

(October 11, 2011), http://www.bloomberg.com/news/articles/2011-10-12/convicted-king-of-class-actions-bill-lerachbuilds-aviary-regrets-nothing (accessed September 14, 2016).

35. The Inner Circle of Advocates, http://www.innercircle.org/ .

第 7 章 玩别人的钱（OPM）——大多数富人都这么做

1. Copyright © 2016 Morningstar, Inc. All Rights Reserved. The information contained herein: (1) is proprietary to Morningstar and/or its contentproviders; (2) may not be copied or distributed; (3) does not constitute investment advice offered by Morningstar; and (4) is not warranted to be accurate, complete, or timely. Neither Morningstar nor its content providers are responsible for any damages or losses arising from any use of this information. Past performance is no guarantee of future results. Use of information from Morningstar does not necessarily constitute agreement by Morningstar, Inc. of any investment philosophy or strategy presented in this publication.

2. Ibid.

3. Ibid.

4. "William Berkley Profi le," *Forbes* (September 14, 2016), http://www.forbes.com/profi le/william-berkley/ (accessed September 14, 2016).

5. "George Joseph Profi le," *Forbes* (September 14, 2016), http://www.forbes.com/profi le/george-joseph/ (accessed September 14, 2016).

6. "Patrick Ryan Profi le," *Forbes* (September 14, 2016), http://www.forbes.com/profi le/patrick-ryan/ (accessed September 14, 2016).

7. "Sanford Weill Profi le," *Forbes* (September 14, 2016), http://www.forbes.com/profi le/sanford-weill/ (accessed September 14, 2016).

8. "Equilar/Associated Press S&P 500 CEO Pay Study 2016," Equilar (May 25,2016), http://www.equilar.com/reports/37-associated-press-pay-study-2016. html (accessed September 6, 2016).

9. "The Forbes 400 2016," *Forbes*, http://www.forbes.com/forbes-400/list/#version:static (accessed October 11, 2016).

10. Robert Berner, "The Next Warren Buffett?," *Business Week* (November 22,2004), http://www.businessweek.com/magazine/content/04_47/b3909001_mz001.htm (accessed April 21, 2008).

11. Patricia Sellers, "Eddie Lampert: The Best Investor of His Generation," *Fortune* (February 6, 2006), http://money.cnn.com/2006/02/03/news/companies/investorsguide_lampert/index.htm (accessed April 16, 2008).

12. Berner, "The Next Warren Buffett?"

13. Ibid.

14. Sellers, "Eddie Lampert."

15. Berner, "The Next Warren Buffett?"

16. "The Forbes 400 2016."

17. Andrew Ross Sorkin, "A Movie and Protesters Single Out Henry Kravis," *New York Times*

(December 6, 2007), http://www.nytimes.com/2007/12/06/business/06equity.html?ex=1354597200&en=18531ee4bfaf9f2d&ei=5088&partner=rssnyt&emc=rss (accessed April 16, 2008).

18. Peter Carbonara, "Trouble at the Top," *CNN Money* (December 1, 2003), http://money.cnn.com/magazines/moneymag/moneymag_archive/2003/12/01/354980/index.htm (accessed April 16, 2008).

19. Andy Serwer, Joseph Nocera, Doris Burke, Ellen Florian, and Kate Bonamici, "Up Against the Wall," *Fortune* (November 24, 2003), http://money.cnn.com/magazines/fortune/fortune_archive/2003/11/24/353793/index.htm (accessed April 16, 2008).

20. J ames B. Stewart, "The Opera Lover," *New Yorker* (February 13, 2006), http://www.newyorker.com/archive/2006/02/13/060213fa_fact_stewart (accessed April 16, 2008).

21. *Matthew Miller*, "The Optimist and the Jail Cell," *Forbes* (October 10, 2005), https://www.forbes.com/free_forbes/2005/1010/060a.html (accessed March 13, 2017).

22. Stewart, "The Opera Lover."

23. *Bloomberg News*, "Two Advisers Defrauded at Least 8 Clients, s S.E.C. Says" (November 12, 2005).

24. Charles Gasparino and Susanne Craig, "A Lehman Brothers Broker Vanishes, Leaving Questions, and Losses, Behind," *Wall Street Journal* (February 8, 2002), http://online.wsj.com/article/SB1013123372605057920.html?mod=googlewsj (accessed May 19, 2008).

25. Ibid.

26. U.S. Securities and Exchange Commission, "Litigation Release No.17590" (June 27, 2002), http://www.sec.gov/litigation/litreleases/lr17590.htm (accessed April 16, 2008).

27. Erik Larson, "Ex-JPMorgan Broker Admits Stealing $22 Million forGambling," *Bloomberg* (November 5, 2015), https://www.bloomberg.com/news/articles/2015-11-05/ex-jpmorgan-broker-pleads-guilty-in-theft-of-20-million (accessed January 26, 2017).

28. Mark Schoeff Jr., "Florida Congressman Grayson a Victim of $18 Million Stock Scam," *Investment News* (December 12, 2013), http://www.investmentnews.com/article/20131212/FREE/131219958 (accessed October 11, 2016).

29. U.S. Securities and Exchange Commission, "Litigation Release No.22820" (September 27, 2013), https://www.sec.gov/litigation/litreleases/2013/lr22820.htm (accessed October 11, 2016).

30. Sital S. Patel, "How Madoff Probe Uncovered a Hedge-Fund Scam Ledby Ex-MIT Professor," *Market Watch* (August 13, 2014), http://blogs.marketwatch.com/thetell/2014/08/13/how-madoff-probe-uncovered-ahedge-fund-scam-led-by-ex-mit-professor/ (accessed October 11, 2016).

31. David Phelps, "Financial Adviser Meadows Sentenced to 25 Years After$10M Theft Conviction," *Minneapolis Star Tribune* (June 27, 2015), http://www.startribune.com/fi nancial-advisor-meadows-sentenced-to-25-yearsafter-10m-theft-conviction/310185051/ (accessed October 11, 2016).

32. Paul Walsh and Mary Lynn Smith, "Charges: Mpls. Investor Ran $10MScheme; Some Spent at Casinos, Erotic Venues," *Minneapolis Star Tribune* (August 6, 2014), http://www.startribune.com/

charges-mpls-investor-ran-10m-scheme-some-spent-at-casinos-erotic-venues/270158961/ (accessed October 11, 2016).

第 8 章 创造收入

1. 3M History , "The Evolution of the Post-It Note," http://www.3m.com/intl/hk/english/in_hongkong/postit/pastpresent/history_tl.html (accessed April 14, 2008).

2. Stacy Perman, "He Invents! Markets! Makes Millions!" *BusinessWeek* (October 3, 2005), http://www.businessweek.com/smallbiz/content/oct2005/sb20051003_862270.htm (accessed April 14, 2008).

3. Karissa Giuliano and Sarah Whitten, "The World's First Billionaire Author Is Cashing In," CNBC (July 31, 2015), http://www.cnbc.com/2015/07/31/the-worlds-fi rst-billionaire-author-is-cashing-in.html (accessed September 15, 2016).

4. "JK Rowling Profi le," *Forbes* (September 2015), http://www.forbes.com/profi le/jk-rowling/ (accessed September 15, 2016).

5. Laura Woods, "Dolly Parton's Staggering Net Worth Revealed," *AOL Finance* (January 17, 2017), https://www.aol.com/article/fi nance/2017/01/17/dolly-partons-staggering-net-worth-revealed/21656680/ (accessed February28, 2017).

6. Kelly Phillips Erb, "Marc Rich, Famous Fugitive and Alleged Tax Evader Pardoned by President Clinton, Dies," *Forbes* (June 27, 2013), http://www.forbes.com/sites/kellyphillipserb/2013/06/27/marc-rich-famous-fugitivealleged-tax-evader-pardoned-by-president-clinton-dies/#169805829d9c(accessed September 15, 2016).

7. The Staff, "Interview with Morris 'Sandy' Weinberg, Esq.," Jurist (March 7,2001), http://jurist.law.pitt.edu/pardonsex8.htm (accessed April 14, 2008).

8. Denise Rich, "Denise Rich Biography," http://www.deniserichsongs.com/bio.html (accessed April 14, 2008).

9. "Making Money with Your Music," *Taxi.com*, http://www.taxi.com/faq/makemoney/index.html (accessed May 12, 2008).

10. Alison Leigh Cowan, "Ex-Advisor Sues Denise Rich, Claiming Breach of Contract," *New York Times* (August 17, 2002), http://query.nytimes.com/gst/fullpage.html?res=9502EED7153DF934A2575BC0A9649C8B63(accessed May 12, 2008).

11. Hugh McIntyre, "Paul McCartney's Fortune Puts Him Atop the Richest Musicians List," *Forbes* , May 21, 2015, http://www.forbes.com/sites/hughmcintyre/ 2015/05/01/paul-mccarnteys-1-1-billion-fortune-helps-him-topthe-richest-british-musicians-list/#7dcaf9136f62 (accessed September 15, 2016).

12. " The Forbes 400 2016," *Forbes* , http://www.forbes.com/forbes-400/list/#version:static (accessed October 11, 2016).

13. Ibid.

14. Daniel Gross, "How Hillary and Bill Clinton Parlayed Decades of Public Service into Vast Wealth," *Fortune* (February 15, 2016), http://fortune .com/2016/02/15/hillary-clinton-net-worth-finances/ (accessed September 15, 2016).

15. Stephen Labaton, "Rose Law Firm, Arkansas Power, Slips as It Steps onto a Bigger Stage," *New York Times* (February 26, 1994), http://query.nytimes.com/gst/fullpage.html?res=9A05E2DB163 AF935A15751C0A962958260&sec=&spon=&pagewanted=all (accessed April 14, 2008).

16. Council of State Governments' Survey, January 2004 and January 2005.

17. Dan Ackman, "Bill Clinton: Good-Bye Power, Hello Glory," *Forbes* (June25, 2002), http://www.forbes.com/2002/06/25/0625clinton.html (accessedMay 19, 2008).

18. John Solomon and Matthew Mosk, "For Clinton, New Wealth in Speeches," *Washington Post* (February 23, 2007), http://www.washingtonpost.com/wp-dyn/content/article/2007/02/22/AR2007022202189.html (accessed April 14, 2008).

19. Assume half their income saved 1979 through 1992 ($117,500) then $100,000/year 1993–2000, assuming 10 percent ARR.

20. Robert Yoon, "$153 Million in Bill and Hillary Clinton Speaking Fees, Documented," CNN (February 6, 2016), http://www.cnn.com/2016/02/05/politics/hillary-clinton-bill-clinton-paid-speeches (accessed September 15,2016).

21. Solomon and Mosk, "For Clinton, New Wealth in Speeches."

22. Eugene Kiely, "Does President Obama Want a Higher Pension?," FactCheck.org (May 20, 2016), http://www.factcheck.org/2016/05/doesobama-want-a-higher-pension/ (accessed September 15, 2016).

23. Kellie Lunney, "Which Ex-President Cost the Government the Most in Fiscal 2015?," *Government Executive* (March 21, 2016), http://www.govexec.com/pay-benefi ts/2016/03/which-ex-president-cost-government-mostfiscal-2015/126826/ (accessed September 15, 2016).

24. Stephanie Smith, CRS Report for Congress, "Former Presidents: Federal Pension and Retirement Benefi ts" (March 18, 2008), www.senate.gov/reference/resources/pdf/98-249.pdf (accessed April 15, 2008).

25. "The World's Billionaires Real-Time List," *Forbes*, http://www.forbes.com/billionaires/list/#version:realtime (accessed September 15, 2016).

26. US House of Representatives, "Salaries: Executive, Legislative and Judicial," January 2015, https://pressgallery.house.gov/member-data/salaries (accessed September 15, 2016).

27. U.S. Census Bureau 2006.

28. US House of Representatives, "Salaries."

29. Patrick J. Purcell, "Retirement Benefi ts for Members of Congress," Congressional Research Service (February 9, 2007), http://www.senate.gov/reference/resources/pdf/RL30631.pdf (accessed May 19, 2008).

30. "Herb Kohl Profi le," *Forbes* (September 2016), http://www.forbes.com/profi le/herb-kohl/ (accessed September 15, 2016).

31. Edwin Durgy, "What Mitt Romney Is Really Worth: An Exclusive Analysis of His Latest Finances," *Forbes* (May 16, 2012), http://www.forbes.com/sites/edwindurgy/2012/05/16/what-mitt-romney-is-reallyworth/#887f7029279a (accessed September 15, 2016).

32. Roll Call's Wealth of Congress Index (November 2, 2015), http://media.cq.com/50Richest/ (accessed September 15, 2016).

33. William P. Barrett, "Sidney Harman Ain't No Billionaire," *Forbes* (August 11, 2010), http://www.forbes.com/sites/williampbarrett/2010/08/11/sidneyharmannewsweekbillionairetrump/2/#11defc3f764f (accessed September 15, 2016).

34. "Jeff Bingaman (D-NM) Personal Financial Disclosures Summary: 2007," OpenSecrets.org, http://www.opensecrets.org/pfds/summary.php?year= 2007&cid=n00006518 (accessed September 15, 2016).

35. "Rudy Giuliani," *Celebrity Net Worth* (2016), http://www.celebritynetworth.com/richest-politicians/republicans/rudy-giuliani-net-worth/ (accessed September 15, 2016).

36. "Olympia Snowe (R-Maine) Personal Financial Disclosures Summary: 2012," OpenSecrets.org , http://www.opensecrets.org/pfds/summary.php?cid= N00000480&year=2012 (accessed September 15, 2016).

37. Sean Loughlin and Robert Yoon, "Millionaires Populate US Senate," CNN (June 13, 2003), http://www.cnn.com/2003/ALLPOLITICS/06/13/senators.fi nances/ (accessed April 15, 2008).

38. "Richard C. Shelby (R-AL) Personal Financial Disclosures Summary: 2014," OpenSecrets.org, http://www.opensecrets.org/pfds/summary.php?cid= N00009920&year=2014 (accessed September 15, 2016).

39. "Rudy Giuliani."

40. Stephanie Condon, "Report: Al Gore's Net Worth at $200 Million," CBS News (May 6, 2013), http://www.cbsnews.com/news/report-al-gores-networth-at-200-million/ (accessed September 15, 2016).

41. Patrick J. Reilly, "Jesse Jackson's Empire," *Capital Research Center*, http://www.enterstageright.com/archive/articles/0401jackson.htm (accessed April 15, 2008).

42. Steve Miller and Jerry Seper, "Jackson's Income Triggers Questions," *Washington Times*, February 26, 2001.

43. Walter Shapiro, "Taking Jackson Seriously," *Time* (April 11, 1988), http://www.time.com/time/magazine/article/0,9171,967157-1,00.html (accessed May 22, 2008).

44. James Antle, "Tea Party Hero Jim DeMint Is Leaving the Senate—but Not Politics," *Guardian* (December 7, 2012), https://www.theguardian.com/commentisfree/2012/dec/07/tea-party-jim-demint-leavessenate#comment-19917782 (accessed January 31, 2017).

第 9 章　胜过地产大亨

1. National Association of Realtors, Average Single-Family Existing Home Price, as of April 2016.

2. "The Forbes 400 2016," *Forbes*, http://www.forbes.com/forbes-400/list/#version:static (accessed October 11, 2016).

3. Department of Housing and Community Development, State of California, "Median and Average Home Prices and Rents for Selected California Counties," http://www.hcd.ca.gov/hpd/hrc/rtr/ex42.pdf (accessed May 20, 2008).

4. Federal Housing Finance Board, "National Average Contract Mortgage Rate," http://www.fhfb.gov/GetFile.aspx?FileID=4328 (accessed May 20, 2008).

5. City Data, "San Mateo County, California (CA)," http://www.city-data.com/county/San_Mateo_County-CA.html (accessed May 20, 2008).

6. Ibid.

7. Associated Press, "Ex-Billionaire Tim Blixseth Refuses Order to Account for Diverted Cash," *Oregon Live* (April 30, 2016), http://www.oregonlive.com/pacific-northwest-news/index.ssf/2016/04/ex-billionaire_tim_blixseth_re.html (accessed September 15, 2016).

8. Edward F. Pazdur, "An Interview with Tim Blixseth, Chief Executive Offi cer,The Blixseth Group," *Executive e Golfer*, http://www.executivegolfermagazine.com/cupVII/article3.htm (accessed May 20, 2008).

9. Ibid.

10. "The Forbes 400 2016."

11. A lan Finder, "Koch Disputed on a Benefi t to Developer," *New York Times* (January 16, 1989), http://query.nytimes.com/gst/fullpage.html?res=950DE5D9133FF935A25752C0A96F948260&sec=&spon=&pagewanted=all(accessed May 20, 2008).

12. Steve Rubenstein, "Ex-Armory Turns into Porn Site," *San Francisco Chronicle* (January 13, 2007), http://www.sfgate.com/cgi-bin/article.cgi?f=/c/a/2007/01/13/BAG0INI8PD1.DTL (accessed May 20, 2008).

13. Eliot Brown, "Tech Overload: Palo Alto Battles Silicon Valley's Spread," *Wall Street Journal* (September 13, 2016), http://www.wsj.com/articles/tech-overload-palo-alto-battles-silicon-valleys-spread-1473780974(accessed September 15, 2016).

14. Nathan Donato-Weinstein, "Exclusive: Irvine Company's Mission Town Center in Santa Clara Is Dead, for Now," *Silicon Valley Business Journal* (March 16, 2016), http://www.bizjournals.com/sanjose/news/2016/03/16/exclusiveirvine-companys-mission-town-center-in.html (accessed September 15, 2016).

15. George Andres, "For Tech Billionaire, Move to Nevada Proves VeryTaxing," *Wall Street Journal* (July 17, 2006).

16. Arthur B. Laffer and Stephen Moore, "Rich States, Poor States, ALECLaffer State Economic Competitive Index," American Legislative Exchange Council, Washington, DC (2007), http://www.alec.org/am/pdf/ALEC_Competitiveness_Index.pdf?bcsi_scan_23323C003422378C=0&bcsi_scan_filename=ALEC_Competitiveness_Index.pdf (accessed May 20, 2008).

17. Ibid.

18. Ibid.

第 10 章　更多人选择的致富之路

1. FactSet, as of September 16, 2016.

2. FactSet, as of January 12, 2017. MSCI World Index return with net dividends, March 24, 2000, to December 31, 2016.

3. FactSet.

4. Almanac of American Wealth, "Wealthy Eccentrics," *Fortune*, http://money.cnn.com/galleries/2007/fortune/0702/gallery.rich_eccentrics.-fortune/2.html (accessed May 20, 2008).